ZEITSCHRIFT FÜR ANGEWANDTE GEOLOGIE

HERAUSGEGEBEN VON
DER STAATLICHEN GEOLOGISCHEN KOMMISSION
UND DER ZENTRALEN VORRATSKOMMISSION
DER DEUTSCHEN DEMOKRATISCHEN REPUBLIK

AUS DEM INHALT

AKADEMIE-VERLAG · BERLIN

BAND 10 / HEFT 7
JULI 1964
SEITE 337—392

	INHALT	СОДЕРЖАНИЕ	CONTENTS	

Die ZEITSCHRIFT FÜR ANGEWANDTE GEOLOGIE berichtet ständig über folgende Arbeitsgebiete: Geologische Grundlagenforschung und Lagerstättenforschung / Methodik der geologischen Erkundung / Ökonomie und Planung der geologischen Erkundung / Technik der geologischen Erkundung / Geologie und Lagerstättenkunde im Ausland. In der Zeitschrift können alle strittigen Fragen der praktischen Geologie behandelt werden. Die Autoren übernehmen für ihre Aufsätze die übliche Verantwortung.

ZEITSCHRIFT FÜR ANGEWANDTE GEOLOGIE

KOLLEKTIVE CHEFREDAKTION

Dr. K. KAUTER (Redaktionssekretär)
Dr. F. STAMMBERGER
Dr. G. TISCHENDORF
Dipl.-Berging.-Geol. G. ZINDLER

BAND 10 · JULI 1964 · HEFT 7

Mit hohen ökonomischen Erfolgen den Jahrestag der Republik vorbereiten

Der „Tag des deutschen Bergmanns“ 1964, der Festtag der Arbeiter, Angestellten, Ingenieure und Geologen der Bergbauindustrie, steht im Zeichen des sozialistischen Wettbewerbs aller Werktätigen zu Ehren des 15. Jahrestages der Gründung unserer Deutschen Demokratischen Republik.

Auch in den Betrieben und Institutionen der VVB Feste Minerale und der VVB Erdöl—Erdgas vollbringen die Betriebskollektive vorbildliche Leistungen mit dem Ziel, die vom 5. Plenum des Zentralkomitees der SED gestellten Aufgaben zur Durchführung der ökonomischen Politik im Jahre 1964 erfolgreich zu lösen. Darin kommt zugleich die moralisch-politische Verbundenheit der Bohrarbeiter, Meister, Ingenieure und Geologen zu ihrem Arbeiter-und-Bauern-Staat sichtbar zum Ausdruck. Die Losung „Dem Volke zum Nutzen — der Republik zu Ehren“ hat zu einem neuen, begeisternden Aufschwung der Werktätigen für den umfassenden Aufbau des Sozialismus in der DDR geführt.

Die Arbeiter und Wissenschaftler in den Betrieben der Staatlichen Geologischen Kommission tragen eine hohe Verantwortung für die Durchführung der großen Ziele und Aufgaben unseres Siebenjahrplanes. Je höher die Ergebnisse in der Erkundung solch wichtiger Rohstoffe wie Kalisalze, Braunkohle, Eisenerz sowie Erdöl, Erdgas, Wasser usw. sind und je schneller die Volkswirtschaft unserer Republik die vorhandenen eigenen Ressourcen maximal nutzen kann, um so fester wird die Rohstoffbasis unserer Republik werden.

Die Lösung der generellen Aufgabe der Bohrarbeiter und Geologen — eine maximale Verbesserung der Rohstoffbasis der Volkswirtschaft der DDR zur schnelleren Entwicklung der führenden Wirtschaftszweige zu erreichen — erfordert jedoch, besonders jetzt im sozialistischen Wettbewerb zu Ehren des Geburtstages der Republik, eine erhöhte Konzentration auf die Untersuchung der tieferen geologischen Systeme, eine Verbesserung der geologisch-geophysikalischen Erkundungsmethoden und Auswertungsverfahren, eine schnelle Verbesserung der Technologie, der Bohr-, Umbau-, Test- und Förderarbeiten. Dazu ist die systematische Verbesserung der Leitungstätigkeit im Industriezweig, angefangen von der Staatlichen Geologischen Kommission bis zu den Bohrbrigaden, durch zielstrebige Arbeit mit den Menschen, besonders auf den Bohrstellen, eine erstrangige Aufgabe. Diese muß von den Wirtschafts- und Gewerkschaftsfunktionären in gemeinsamer Arbeit gelöst werden. Sie muß ihren Ausdruck darin finden, daß zugleich mit der Mobilisierung der Werktätigen für die Erreichung des wissenschaftlich-technischen Höchststandes und für die Steigerung der Arbeitsproduktivität die Arbeits- und Lebensbedingungen der Werktätigen systematisch verbessert werden.

Zweifellos gibt es hierbei schon gute Ergebnisse, die sich in der erfolgreichen Erfüllung des Volkswirtschaftsplanes, in der Erhöhung der Qualität der Arbeit und Senkung der Kosten sowie in einer verbesserten sozialen und kulturellen Betreuung der Werktätigen zeigen. Ständig wächst die Anzahl der Wohn-, Küchen- und Kulturwagen, die die Arbeits- und Lebensbedingungen der Kumpel erleichtern; neue Wohnsiedlungen entstehen an den Schwerpunkten der Erkundung, und jährlich fahren Tausende Bohrarbeiter und Geologen mit ihren Familien in die Ferienheime des FDGB. Auch auf diese Ergebnisse ihrer Arbeit sind die Werktätigen in den geologischen Erkundungsbetrieben und Instituten am „Tag des deutschen Bergmanns“ 1964 stolz. Sie wissen, daß ihre Arbeit dazu beiträgt, den Reichtum des Volkes zu mehren. Das alles entspricht den Beschlüssen des 6. FDGB-Kongresses.

Das Präsidium des Zentralvorstandes der IG Bergbau—Energie wünscht allen Werktätigen im Bereich des Industriezweigs Geologische Erkundung an ihrem Ehrentag weitere Erfolge in der Arbeit sowie im persönlichen Leben und entbietet ihnen zum „Tag des deutschen Bergmanns“ ein herzliches Glückauf!

Werner Lucas

Vorsitzender des Zentralvorstandes der

IG Bergbau—Energie

Erste Ergebnisse geologischer Untersuchungsarbeiten im Gebiet der Scholle von Calvörde[1])

GÜNTER SCHULZE, Halle (Saale)

(Vorläufige Mitteilung aus dem VEB Geologische Erkundung West)

Vorbemerkungen

Als Scholle von Calvörde wird ein geologischer Komplex bezeichnet, der keilförmig zwischen dem Flechtinger Höhenzug und der Altmarksenke liegt. Den prätertiären Untergrund dieses Gebietes verhüllen mächtige känozoische Lockermassen. Sein geologischer Bau ist daher in der Vergangenheit nahezu unbekannt geblieben.

Zur Klärung der Stratigraphie und Tektonik begann im Jahre 1959 auf der Scholle von Calvörde ein Untersuchungsprogramm mit Hilfe tieferer Bohrungen. Der Nachweis wirtschaftlich bedeutsamer Sylvinitvorkommen im Zechstein gab schon nach kurzer Zeit Anlaß, die ursprünglich weiträumig vorgesehene Tiefensondierung in eine Spezialkartierung des tieferen Untergrundes überzuführen. Sie erstreckt sich auf über 20 Meßtischblätter. In die Auswertung wurden auch ältere Aufschlüsse sowie neuere Erdöl- und Kalisalzbohrungen einbezogen.

Obwohl die Untersuchungen noch nicht abgeschlossen sind — insbesondere steht die umfassende Bearbeitung der Megafossilien noch aus —, erscheint es angebracht, bereits jetzt einen ersten Überblick über die erzielten Ergebnisse zu vermitteln.[2])

Tektonik und prätertiärer Untergrund (Abb. 1 und 2)

Die Scholle von Calvörde stellt eine herzynisch streichende Pultscholle dar, die sich nach NE heraushebt. Sie grenzt im SW mit einer Störung, dem Abbruch von Haldensleben, an den Flechtinger Höhenzug. Dieser Abbruch versetzt das präpermische Paläozoikum bzw. Rotliegende des Flechtinger Höhenzuges gegen Zechstein bzw. Trias der Scholle bei Sprunghöhen bis schätzungsweise maximal 1500 m. Die Dislokation vollzieht sich an einer Hauptverwerfung, die von mehreren Brüchen begleitet sein kann. Sie ist in ihrem Verlauf bis nördlich Rätzlingen durch einige Bohrungen und Drehwaagemessungen (R. HEYNIG, E. BEIN & M. HERGERDT 1962; R. HEYNIG & E. BEIN 1963) im großen und ganzen festgelegt, ihrem Charakter nach jedoch noch nicht eindeutig geklärt. H. BECK (1935) nimmt zwischen Hohenwarthe und Haldensleben eine steile Aufschiebung des Flechtinger Höhenzuges auf sein nordöstliches Vorland an.

Der Heraushebung des Flechtinger Höhenzuges wird nach T. SCHMIERERs Untersuchungen (1914) auf Mbl. Helmstedt (3732) subherzynes Alter zugeschrieben. Die Hauptbewegung soll in der Ilseder oder Wernigeröder Phase erfolgt sein. Durch F. WIEGERS (1929) werden außerdem spätere postmitteloligozäne Verschiebungen an der Ohretalstörung, einem Teilstück des Haldenslebener Abbruches, belegt.

Bedingt durch das Abtauchen des Flechtinger Höhenzuges in Richtung NW verliert seine Nordrandstörung im Streichen nach NW mehr und mehr an Intensität und ist vermutlich bereits auf dem Mbl. Rätzlingen (3532) nur noch im präsalinaren Untergrund als Sprung vorhanden. Der Buntsandstein hingegen greift in diesem Abschnitt unter ausgleichender Vermittlung des mobilen Staßfurtsteinsalzes flach sattelartig auf den größten Teil des Flechtinger Höhenzuges über. In einer schmalen Zone (seines Kernes?) beißen unter dem Känozoikum auch die Sedimente des Zechsteins selbst aus. Zwischen den känozoischen Ablagerungen und dem Zechstein bzw. Buntsandstein können des weiteren noch wenige Meter Obercampan[3]) vorhanden sein. Vermutlich steht die Überlieferung dieser geringmächtigen Oberkreiderelikte in Zusammenhang mit der Auslaugung der Zechsteinsalze.

Zur Zeit noch unsicher ist die Darstellung des prätertiären Untergrundes im nordöstlichen Vorland des Salzstockes Breitenrode. Für die Altbohrungen Buchhorst (Mbl. 3532) werden wenige Meter Gipskeuper unter Pleistozän angegeben. Eine Verwechslung mit dem Buntsandstein erscheint dabei nicht ausgeschlossen.

Der westliche Abschluß der Scholle von Calvörde gegen die Flachsstöckheim—Nettgauer Platte (G. BRINCKMEIER 1957) ist durch eine rheinisch verlaufende Störungszone gegeben, der die Salzpfeiler Jahrstedt und Ristedt aufsitzen. Die beiden Ekzeme sind nach geophysikalischen Untersuchungen (M. HERGERDT 1959, D. SCHMIDT 1961) durch eine Salzschwelle verbunden, die von aufgedrungenem Zechsteinsalinar gebildet wird. An den Flanken der Salzbrücke sind zumindest streckenweise Abschiebungen anzunehmen, die sich auch in den Schnitten der Reflexionsseismik bemerkbar machen. Das herzynische Streichen der Schichten auf der Scholle von Calvörde biegt vor der Störungszone in die rheinische Richtung um bzw. wird von rheinischen Störungen abgeschnitten.

Besser bekannt ist die NE-Begrenzung der Calvörder Scholle. Sie wird vom Gardelegener Abbruch gebildet, an dem die Gesteinsfolge in Richtung zur vorgelagerten Altmarksenke beträchtlich in die Tiefe abfällt. Die vorherrschende Form ist hierbei eine Flexur. An der steil einfallenden Flanke lagern zwischen dem Buntsandstein und den subhalitischen Gesteinen chloridische Salze des Zechsteins, die auf Grund ihres relativ plastischen Verhaltens im tektonischen Bewegungsablauf wahrscheinlich eine gewisse Pufferwirkung auf die hangende Trias ausübten. Dementsprechend treten Verwerfungen mit deutlichen Verschiebungsbeträgen, an denen sich

[1]) Eingang des Manuskripts in der Redaktion: 9. 3. 1964

[2]) An den Arbeiten waren die Herren F. DÖLZ, G. LINDEMANN und H. SCHMIDT wirksam beteiligt. Die stratigraphische Einstufung der Tertiär-, Kreide- und Jurasedimente beruht überwiegend auf mikrofaunistischen Bestimmungen von H. HAUSMANN, E. WIENHOLZ, I. BACH und E. TRÜMPER sowie auf sporenpaläontologischen Ergebnissen von G. LENK. Allen Bearbeitern sei hiermit gedankt.

[3]) Bohrungen Oebisfelde 8 und 9 (Bearb. F. KÖLBEL und W. KRUTZSCH)

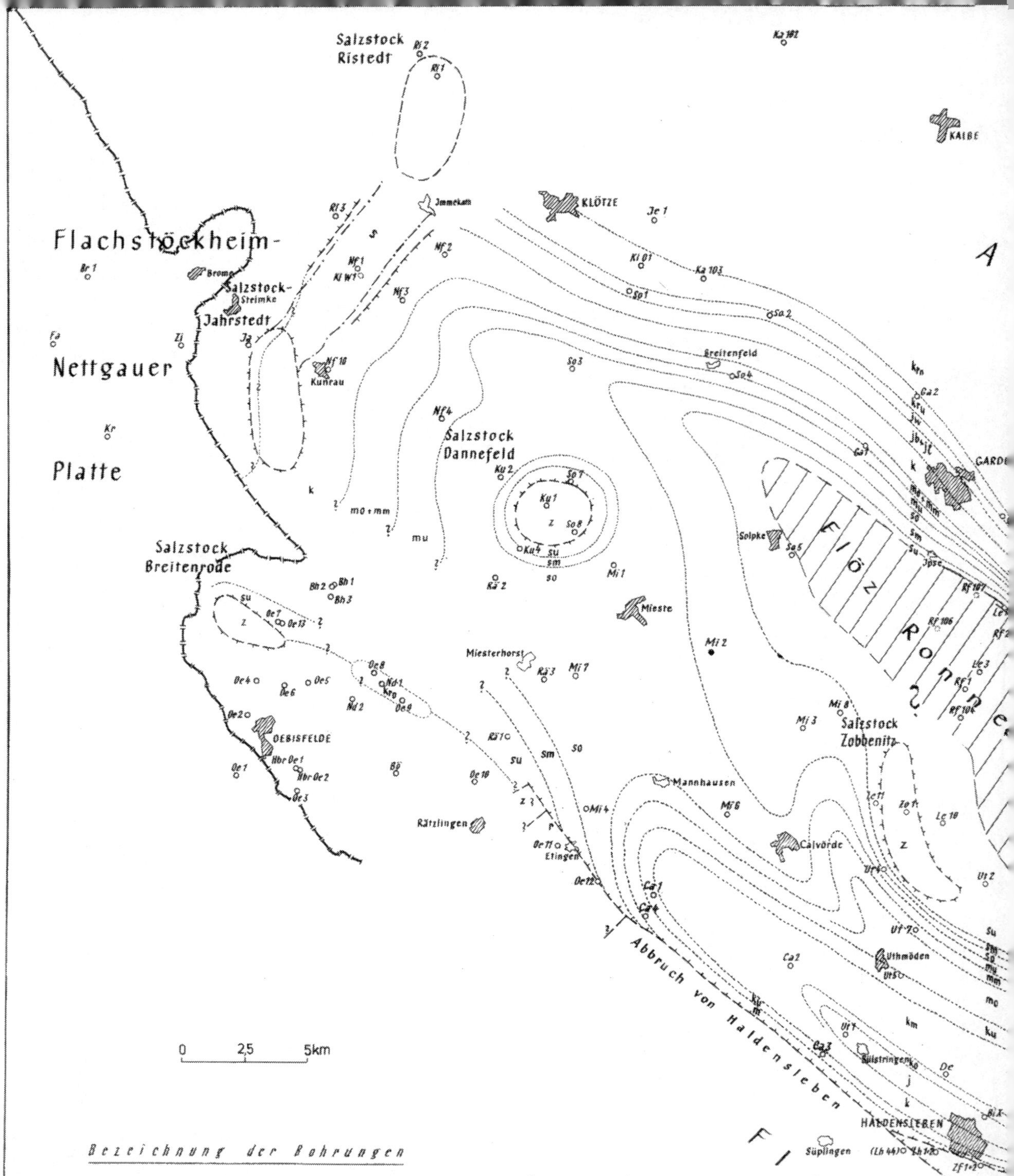

Bezeichnung der Bohrungen

Altm	= Altmark	Lh	= Landesheilanstalt
Bh	= Buchhorst	Lo	= Loburg
Bi	= Bismarckshall	Ma	= Mahlpfuhl
Bö	= Bösdorf	Mi	= Mieste
Br	= Brome	Mö	= Möckern
Br. Schr	= Brauerei Schreier	Mo	= Moltkeshall
Bu	= Burg	Nd	= Niendorf
Ca	= Calvörde	Nf	= Nordflechtingen
Co	= Colbitz	Ni	= Niegripp
De	= Detzel	Oe	= Oebisfelde
Dem	= Demker	Pa	= Pabsdorf
Do	= Dolle	Pi	= Pietzpuhl
Fa	= Fahrenhorst	Rä	= Rätzlingen
Ga	= Gardelegen	Ri	= Ristedt
Ha	= Haldensleben	Rf	= Roxförde
Hbr. Oe	= Hauptbrunnen Oebisfelde	Ro	= Rogätz
Ja	= Jahrstedt	Rs	= Rothensee
Je	= Jemmeritz	⚒ Bi	= Schacht Bismarckshall
Ka	= Kalbe	So	= Solpke
Ki	= Kibitzberg	Ta	= Tangerhütte
Kl. O.	= Klötze-Ost	Ut	= Uthmöden
Kl. W.	= Klötze-West	Wo	= Wolmirstedt
Kr	= Kroya	Zi	= Zicherie
Ku	= Kunrau	Zo	= Zobbenitz
Le	= Letzlingen	ZS1	= Zerben S1
		Zf	= Zuckerfabrik

Stratigraphie

kr = Kreide
- kro = Oberkreide
- kru = Unterkreide

j = Jura
- jw = Malm
- jb = Dogger
- jl = Lias

k = Keuper
- ko = Oberer Keuper
- km = Mittlerer Keuper
- ku = Unterer Keuper

m = Muschelkalk
- mo = Oberer Muschelkalk
- mm = Mittlerer Muschelkalk
- mu = Unterer Muschelkalk

s = Buntsandstein
- so = Oberer Buntsandstein
- sm = Mittlerer Buntsandstein
- su = Unterer Buntsandstein

z = Zechstein (z. T. unter Oberkreide)

r = Rotliegendes

Lagerungsstörun

Abschiebungen

nachgewiesen verm

Aufschiebungen

verm

Blattverschiebungen

verm

Profilschnitt

A

Abb. 1. Scholle von Ca

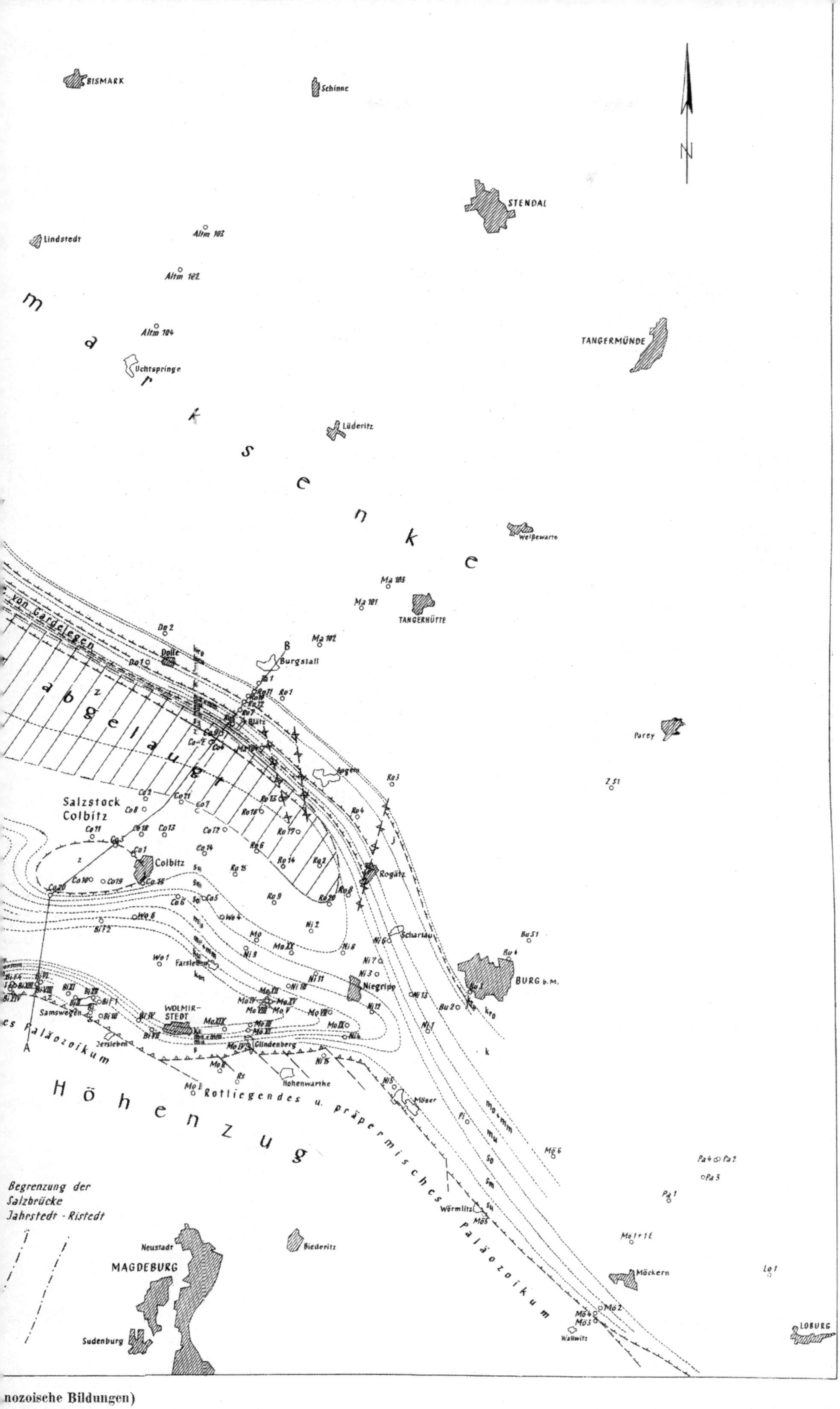

nozoische Bildungen)

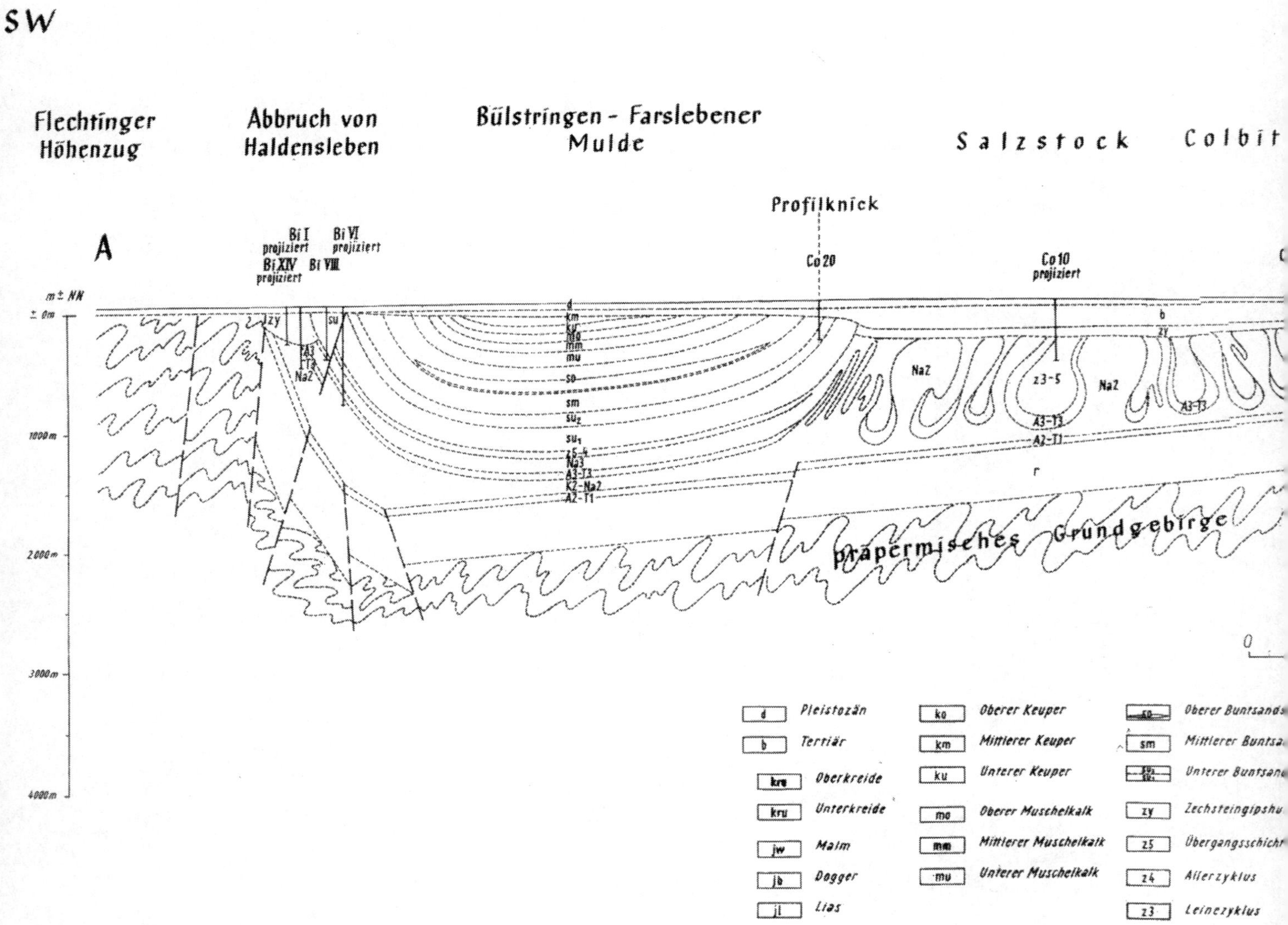

Abb. 2. Schichtense

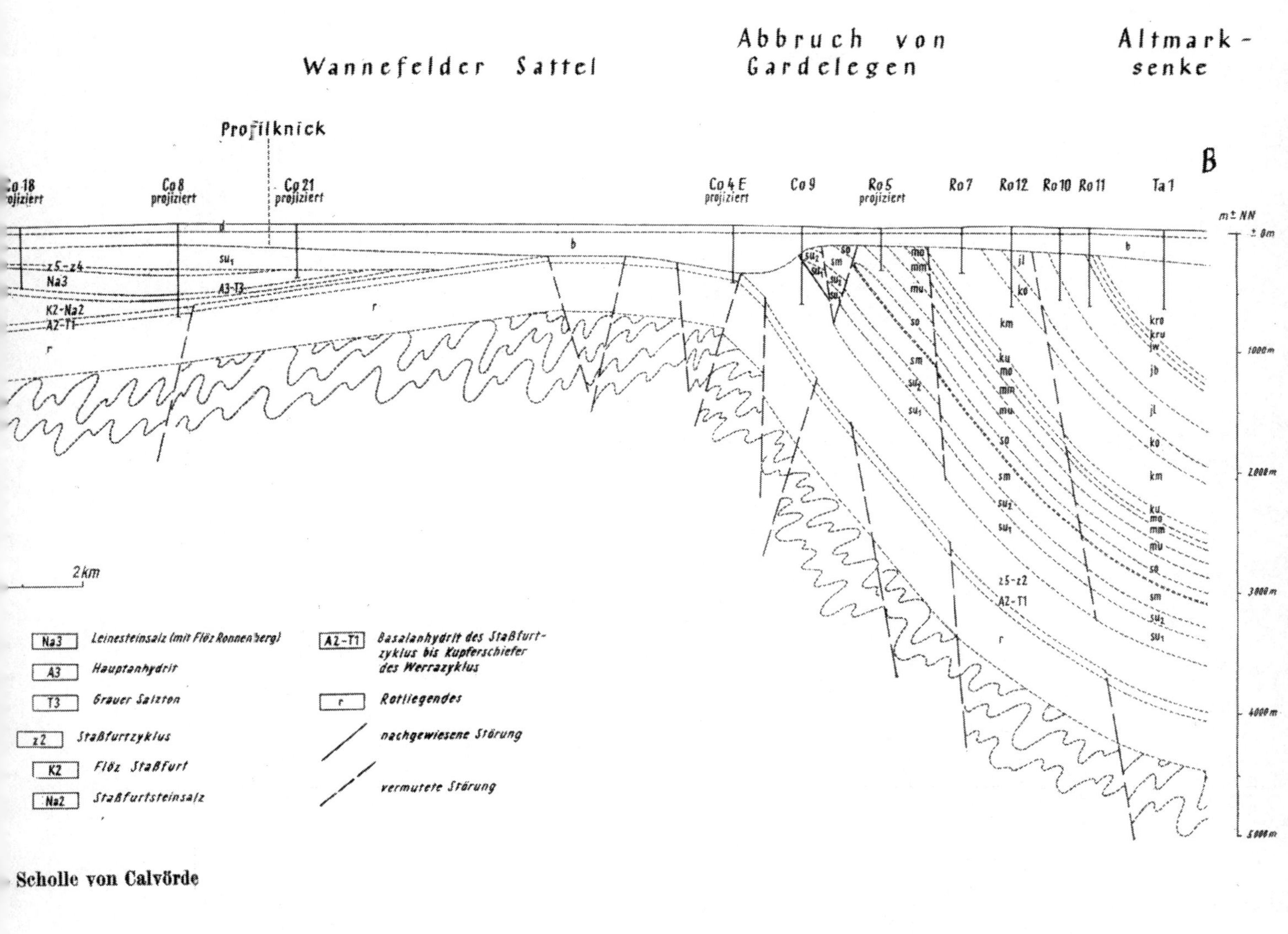

Scholle von Calvörde

im Subsalinar ein stufenförmiges Absinken vollziehen mag, in den mesozoischen Sedimenten nicht als dominierendes Element auf. In der Nähe des Kulminationsbereiches — der höchsten Erhebung der Schichten auf der Scholle von Calvörde vor dem Abtauchen — und der unmittelbar nordöstlich daran anschließenden Hauptstörung liegt im subhalitischen Gesteinskomplex Bruchtektonik mit Abschiebungscharakter vor. Hier ist auch das durch ein Salzpolster getrennte, darüber befindliche Buntsandsteingewölbe in der Scheitelregion geborsten und durch Abschiebungen zerstückelt. Möglicherweise sind dabei atektonische, auslaugungsbedingte Lagerungsstörungen durch nachgebrochene Triasschollen hervorgerufen worden. Die angetroffenen Abschiebungen im subsalinaren Untergrund vermögen indessen ebensowenig wie nachgewiesene oder latente Verwerfungen im Mesozoikum den flexurartigen Gesamthabitus der Störung entscheidend zu beeinflussen.

Zwischen Gardelegen und Klötze wird das Einfallen am Gardelegener Abbruch etwas flacher. Kräftigere Verwerfungen sind hier sogar im spröde reagierenden Gesteinskomplex unterhalb der Steinsalzlager nicht sehr wahrscheinlich.

Ein Teil des Gardelegener Abfalls verschmilzt südöstlich Burg mit dem Störungssystem des Haldenslebener Abbruches. Beide verlaufen von da an unter der Bezeichnung „Abbruch von Wittenberg" weiter in Richtung SE.

Die Steilstellung der Schichten am Gardelegener Abbruch und die damit verbundene relative Hebung und Kippung der Scholle müssen in Anbetracht der Lagerungsverhältnisse zwischen dem Coniac und dem Obercampan/Untermaastricht stattgefunden haben. Einmal schließt sich das Coniac noch konkordant an die aufgerichtete ältere Schichtenfolge an, zum anderen liegt über den Salzaufbrüchen südlich des Abfalles von Gardelegen stellenweise Obercampan/Untermaastricht auf dem Zechsteinsalinar.

Die tektonischen Vorgänge bewirkten im Verhältnis zum angrenzenden Gebiet der Altmarksenke in der prätertiären Gesteinsfolge am Gardelegener Abbruch einen stratigraphischen Niveauunterschied von 1500 bis über 3500 m.

Postume Aufwölbungen geringeren Ausmaßes sind am Gardelegener Abbruch vom Untereozän bis zum Mitteleozän durch Schichtausfälle oder -ausdünnungen zu belegen. Weitere Bewegungen, die frühestens nach dem Mitteloligozän wirksam waren, bilden die Ursache für eine Neigung der Tertiärsedimente über dem Abbruch, die Vertikaldifferenzen bis zu knapp 100 m ergibt.

Der prätertiäre Untergrund der Scholle von Calvörde besteht im wesentlichen aus triassischen Sedimenten, die überwiegend flach gelagert sind. In geringerem Maße treten gebietsweise auch noch Zechstein, Jura und höhere Oberkreide auf.

Unmittelbar nordöstlich des Flechtinger Höhenzuges liegt eine tiefe Einmuldung, die Bülstringen—Farslebener Mulde. Sie erstreckt sich parallel zum Abbruch von Haldensleben aus dem Raum Mannhausen (Mbl. 3533) bis in die Gegend südlich Niegripp (Mbl. 3736), wo der Muldenschluß jeweils durch umlaufendes Streichen deutlich erkennbar wird. Wie unter dem Einfluß des herausgehobenen Flechtinger Höhenzuges nicht anders zu erwarten, ist die Mulde asymmetrisch gebaut. Sie besitzt einen relativ steil fallenden Südwestflügel und eine flachere Nordostflanke. Im Muldentiefsten ist bei Bülstringen (Mbl. 3634) Dogger als stratigraphisch jüngste Einheit vorhanden. Zwischen der Bülstringener Mulde und dem Salzstock Zobbenitz befindet sich eine weitere, herzynisch streichende Mulde, deren Kern wahrscheinlich von Oberem Muschelkalk eingenommen wird.

An das Einfallen nordöstlich des Flechtinger Höhenzuges anschließend zeigen die Schichten senkrecht zum Generalstreichen ganz allgemein einen allmählichen Anstieg von SW nach NE, um am Abbruch von Gardelegen erneut abzusinken. Infolgedessen findet sich im NE-Teil der Scholle ein sehr breit angelegter schwach nordostvergenter Buntsandsteinsattel, der Wannefelder Sattel, dessen SW-Schenkel ganz flach ansteigt und dessen NE-Flanke — nur untergeordnet durch Verwerfungen abgestuft — steil zur Altmarksenke abfällt. Das nordwestliche Ende des Sattels befindet sich südlich von Breitenfeld (Mbl. 3433), der südöstliche Sattelschluß ist nördlich von Niegripp (Mbl. 3736) zu suchen. Besonders augenfällig ist der breite, durch gewölbeförmigen Bau verursachte Ausstrich des Unteren Buntsandsteins, dessen Ablagerungen hauptsächlich den Sattelkern bilden. In einem am stärksten herausgehobenen Streifen, der sich südwestlich der Hauptstörung des Gardelegener Abbruches hinzieht, kann die Abtragung des aufgewölbten Schichtverbandes bis auf den Zechstein heruntergegriffen haben, so daß im fortgeschrittensten Stadium der Basalanhydrit unmittelbar unter höherer Oberkreide bzw. Tertiär auftritt. Dieser Zechsteinausbiß setzt sich nach NW wahrscheinlich fast bis in die Gegend von Letzlingen fort.

Das dargelegte Bauschema des Wannefelder Sattels weicht in der Umgebung der Salzaufbrüche etwas ab, da das aufsteigende Salinar das triassische Deckgebirge allseitig, also auch an der Nordflanke der Diapire angehoben hat. In der Scheitelzone des Sattels ist das Staßfurtsteinsalz teilweise ausgequetscht.

Das geringfügige nordwestliche Einschieben der Achse des Wannefelder Sattels auf den Blättern Letzlingen (3534) und Solpke (3433) sowie der Abschluß der Mulde von Bülstringen im Grenzbereich der Meßtischblätter Calvörde/Mieste (3633/3533) führt nordwestlich der beiden Strukturelemente zu fast söhliger bis flachwelliger Lagerung, die das Rötplateau von Miesterhorst (Mbl. 3532) auszeichnet. Das Plateau erstreckt sich nach Westen bis an den gleichfalls nur flach einfallenden Muschelkalk, der sich durch das Umbiegen des Gardelegener Abfalles in die rheinische Streichrichtung im westlichsten Teil der Scholle von Calvörde auf den Buntsandstein auflegt.

Die im großen und ganzen ruhigen Lagerungsverhältnisse des Untersuchungsgebietes werden durch drei Zechsteinsalzaufbrüche modifiziert. Von NW nach SE betrachtet, handelt es sich um den fast kreisrunden Salzstock Dannefeld, den Salzstock Zobbenitz und den etwa W—E streichenden Salzstock Colbitz. Die Salzstöcke Breitenrode, Jahrstedt und Ristedt liegen bereits außerhalb der Calvörder Scholle.

Die Richtungsänderung des Haldenslebener Abbruches östlich Hohenwarthe und das Abknicken der Gardelegener Störungszone bei Angern—Rogätz bewirken eine flaschenhalsförmige Abschnürung der triassischen

Gesteinsfolge im Raum Schartau—Niegripp—Hohenwarthe (Mbl. 3736), die in ihrer südöstlichen Fortsetzung zum Zusammentreffen der Abbrüche von Haldensleben und Gardelegen führt.

Der Gesteinsverband des Präsalinars steigt im Anschluß an die Abbruchstaffel von Haldensleben im Untergrund der Calvörder Scholle gewöhnlich mit ca. 7^g nach NE an. Obgleich Verwerfungen besonders unter den Salzaufpressungen vermutet werden, besteht bis jetzt kein zwingender Grund, größere Sprünge zu postulieren. Ausnahmen bilden die Störungszone im weiteren Bereich des Gardelegener Abbruches sowie die Störung des subhalitischen Untergrundes östlich Colbitz und am Südrand des Salzstockes Zobbenitz.

Die in bestimmten Arealen ermittelten Fließbewegungen und die nachfolgende Subrosion der Evaporite wurden im Süden ausgelöst durch die Heraushebung des Flechtinger Höhenzuges, im Norden durch die Aufwölbung am Gardelegener Abbruch und die damit gekoppelte Schrägstellung der Scholle von Calvörde. Die Auslaugung hat bis in das Tertiär hinein angehalten. Den Beweis dafür liefern die Paläozänvorkommen und die erhöhten Mächtigkeiten des Eozäns über Salzauslaugungsgebieten. Erst die Überdeckung der zugehörigen Einzugsareale durch wasserstauende Obereozän- oder Rupelsedimente vermochte weitgehend Schutz vor einer fortgesetzten Auflösung der Salze zu bieten. Ausgehend von den Stellen, an denen die abdichtenden Tertiärhorizonte nachträglich wieder beseitigt wurden, ist eine Wiederbelebung der Auslaugungsvorgänge vom Pleistozän an möglich.

Stratigraphie und Fazies

Quartär

Das Holozän spielt im Rahmen dieser Darstellung nur eine untergeordnete Rolle und kann wegen seiner geringen Mächtigkeiten vernachlässigt werden.

Das Pleistozän fällt morphologisch durch eine Anzahl von Endmoränen auf, die hauptsächlich in NW—SE-Richtung verlaufen. Sie sind Glieder des großen Endmoränenzuges Fläming—Lüneburger Heide und entsprechen nach der glazialgeologischen Situation den Eisrandlagen des Wartheabschnitts. Im folgenden wird eine Übersicht über einzelne Areale gegeben, die sich hinsichtlich der Mächtigkeit sowie der Anzahl und Ausdehnung der Geschiebemergel unterscheiden.

Im NW-Teil des Untersuchungsgebietes im Bereich der Meßtischblätter Mieste (3533), Solpke (3433), Klötze-Ost (3333), Rätzlingen (3532), Kunrau (3432) und Klötze-West (3332) befindet sich unter einer wechselnd mächtigen warthezeitlichen Kiessandfolge eine Wechsellagerung von Geschiebemergel und Beckenton, die evtl. dem Drentheabschnitt der Saalekaltzeit zuzuordnen ist (vgl. auch W. STEINER 1962). Eine sichere Einstufung läßt sich allerdings noch nicht angeben. Die Mächtigkeit der pleistozänen Ablagerungen dieses Raumes liegt meist bei 50—60 m. Sie steigt in den Endmoränen bis auf weit über 100 m an. Das südöstlich folgende Terrain wird hauptsächlich von der Colbitz—Letzlinger Heide eingenommen. An ihrem Ost- und Südrand lassen sich zwei Geschiebemergelhorizonte ausscheiden, die zusammen max. 40 m erreichen. Sie lagern zumeist gleichfalls unter sandig-kiesigen warthezeitlichen Bildungen. Beide Geschiebemergel keilen nach dem Innern der Heide zu aus und werden durch Sande und Kiese ersetzt, die noch außerhalb der Endmoränen insgesamt Mächtigkeiten bis zu knapp 80 m erlangen können. Bereits im Raum Colbitz treten die Geschiebemergel nicht mehr in zusammenhängender Verbreitung und in so großer Mächtigkeit auf. Es sind hier in die Sande mehrfach Beckentonablagerungen eingeschaltet.

Auf Grund der Florenfunde in den Bohrungen Kesselsol und Schützensol nördlich von Colbitz ordnet F. WIEGERS (1929) den unter den warmzeitlichen Bildungen lagernden Komplex der Elsterkaltzeit und den darüber befindlichen der Saalekaltzeit zu. J. HESEMANN (1939) kommt mit Hilfe von Geschiebezählungen zu einer anderen Einschätzung. Er stellt die warmzeitlichen Bildungen zwischen die Saale- und Warthekaltzeit.

Einen weiteren Anhaltspunkt für die Stratigraphie des Pleistozäns bietet die Hundisburger Parkkiesgrube südlich von Haldensleben (Mbl. 3734), die von F. WIEGERS (1905 und 1929) eingehend beschrieben wird. Danach lagern zwischen zwei Geschiebemergeln Flußschotter der Beber. F. WIEGERS stuft letztere auf Grund der Lagerungsverhältnisse und Fossilführung in die ausgehende Holsteinwarmzeit bzw. beginnende Saalekaltzeit ein.

Im Gebiet östlich der Elbe, Meßtischblätter Burg (3737), Niegripp (3736) und Möckern (3837), durchsanken mehrere Bohrungen eine durchschnittlich 50—60 m mächtige Pleistozänschichtfolge.

Es können 2—3 Geschiebemergelhorizonte auftreten. Für eine Einstufung der Geschiebemergelbänke gibt es z. Z. nur unsichere Anhaltspunkte.

Die Pleistozänunterkante liegt in großen Teilen der Scholle von Calvörde bei $\pm$ 0 m NN. Im einzelnen scheint in Rinnen und auch flächenhaft eine Ausräumung des präpleistozänen Untergrundes durch Schmelzwasser stattgefunden zu haben, so daß die Pleistozänmächtigkeit bis zu 120 m beträgt. Die Unterkante reicht in diesen Fällen bis zu — 80 m NN hinab.[4])

Die anfechtbare bisherige Gliederung der Pleistozänablagerungen wird gegenwärtig erneut einer geologischen Bearbeitung unterzogen, die eine Klärung der strittigen stratigraphischen Fragen herbeiführen soll.

Tertiär (Abb. 3)

Im Liegenden des Pleistozäns ist das Tertiär fast überall auf der Scholle von Calvörde anzutreffen. Lediglich im südlichsten Teil verläuft ungefähr parallel zum Haldenslebener Abbruch ein ca. 0,5—2,5 km breiter Streifen, der weitestgehend frei von tertiären Bildungen ist. Auch nordwestlich Letzlingen und in der Niegripper Umgebung wurde das Tertiär nicht in jedem Falle erbohrt. Weitere lokal begrenzte Gebiete, in denen die tertiären Sedimente später wieder ausgeräumt wurden, können vorhanden sein. Die stratigraphische Einstufung erfolgte durch Konnektierung der Bohrlochmeßkurven sowie mit Hilfe mikrofaunistischer und sporenpaläontologischer Bestimmungen.

Im Untersuchungsgebiet lassen sich ausscheiden:

Oberoligozän	Bereich des Asterigerinenhorizontes

4) Während der Drucklegung wurden über der Salzbrücke Jahrstedt—Ristedt knapp 400 m Pleistozän (bis zu etwa —340 m NN) erbohrt.

Mitteloligozän	oberer kalkiger Abschnitt kalkfreier Abschnitt unterer kalkiger Abschnitt Basissande
Obereozän bzw. Eozän 5	oberer kalkiger Abschnitt kalkfreier Abschnitt unterer schwach kalkiger Abschnitt
Mitteleozän (tiefstes Eozän 5 bis höheres Eozän 4?)	
Oberes Untereozän bzw. Eozän 3 (4—2?)	
Unteres Untereozän bzw. Eozän 1	
Paläozän	

Als jüngstes Glied der Folge ist zwischen Klötze und Letzlingen schon dicht nördlich der Scholle von Calvörde das Oberoligozän anzutreffen. Infolge glazigener Einwirkung tritt es in den Mergelgruben von Wiepke bei Gardelegen zutage. In der Bohrung Letzlingen 2/59 (Mbl. 3534) konnte es im Bereich des Asterigerinenhorizontes nachgewiesen werden. Das Bohrgut besteht aus 8 m grünlichgrauem glaukonitischem Feinsand.

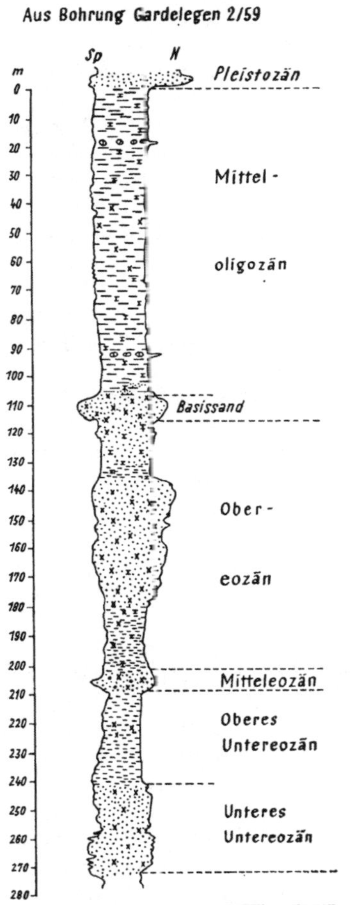

Abb. 3. Bohrlochmeßkurven und vereinfachte Lithologie des Tertiärs

1 — Ton, 2 — Schluff, 3 — Sand, 4 — kalkige u. dolomitische Konkretionen, 5 — Gerölle, 6 — $CaCO_3$-Gehalt, 7 — Glaukonit; Sp — Eigenpotentialkurve (nach links negativ, nach rechts positiv); N — Widerstandskurve (nach rechts zunehmender Widerstand)

Die primäre Mächtigkeit des Mitteloligozäns ist mit über 130 m anzusetzen. Davon entfallen ca. 55 m auf den oberen kalkigen Abschnitt, ungefähr 20 m auf den kalkfreien Abschnitt, über 40 m auf den unteren kalkigen Abschnitt und rd. 10—25 m auf die sandige Basis. Abgesehen von den glaukonitführenden Basissanden handelt es sich hauptsächlich um schwarzoliv gefärbte Tone, die stellenweise in Schluffe übergehen. Neben der Differenzierung auf Grund des Kalkgehaltes ist ein geringer Glaukonitanteil im kalkfreien Abschnitt bemerkenswert.

Vollständig erhaltene Ablagerungen des Rupels finden sich nur nördlich vom Gardelegener Abbruch im Raum Letzlingen—Klötze. Südöstlich davon sind die Profile mit Annäherung an die Abbruchzone in zunehmendem Maße oben gekappt. Es fehlt daher auf dem größten Teil der Scholle von Calvörde der Rupelton. Das Tertiär setzt hier unter dem Pleistozän mit dem Rupelbasissand oder häufiger mit dem Obereozän ein. Allein in einem ca. 5—6 km breiten Saum, der sich in parallelem Verlauf südlich des Gardelegener Abbruchs hinzieht, und im Raum südsüdöstlich des Salzstockes Colbitz ist der Rupelton auf größerer geschlossener Fläche überliefert. Es sind dann allerdings im wesentlichen nur die Sedimente des unteren kalkigen Bereiches vertreten. Wie aus dem gleichbleibenden Abstand bestimmter feinstratigraphischer Horizonte des Rupeltones zur Oberkante der Basissande gefolgert werden kann, weisen die noch verbliebenen Ablagerungen des unteren kalkigen Abschnitts konstante Primärmächtigkeiten auf. Die sandige Basis scheint im Untersuchungsgebiet von ca. 25 m im SE bis auf knapp 10 m im NW auszudünnen.

Unter dem Mitteloligozän reicht die Mikrofauna mit typischen Obereozänformen bis dicht an die Rupelbasissande heran. Das Unteroligozän, das in jüngster Zeit von W. HINSCH (1963) im Gifhorner Trog ausgehalten wurde, ist demzufolge auf der Scholle von Calvörde nach der derzeitigen Untersuchungsbilanz nicht entwickelt.

Das Obereozän läßt zumindest eine Dreiteilung erkennen. Im oberen, kalkigen Abschnitt herrschen grünlichgraue Schluffe vor. Sie können unterhalb der Rupelbasissande in kalkige Sande übergehen. Den mittleren, kalkfreien Abschnitt bilden dunkelgrünlichgraue glaukonitische Feinsande. Die untere, schwach kalkige Folge wird in ihrem hangenden Teil von dunkelolivgrauen bis grünlichgrauen Feinsanden und in den unteren Partien von gleichfarbigen Schluffen aufgebaut.

Die Ablagerungen des Obereozäns keilen beinahe kontinuierlich von N nach S zu aus. Die Mächtigkeit beträgt im NW des Arbeitsgebietes etwa 90 m und geht im SE bis auf unter 5 m zurück.

Das Mitteleozän besteht aus bräunlich gefärbten glaukonitführenden Fein- bis Grobsanden. Häufig sind Fein- bis Mittelkiesgerölle eingebettet. Die Geröllführung reicht teilweise bis in die basalen Schichten des Obereozäns hinein. Der mitteleozäne Sand umfaßt ganz im NW der Scholle von Calvörde ca. 20 m und fehlt im südöstlichsten Teil völlig. Die Mächtigkeitsabnahme des Sandhorizontes erfolgt allerdings nicht stetig von N nach S, da zwischen den Salzstöcken Dannefeld und Zobbenitz 5 m und im anschließenden Gebiet bis östlich des Salzstockes Colbitz erneut höhere Mächtigkeiten bis zu ca. 15 m ermittelt wurden.

Das Obere Untereozän bauen hauptsächlich bräunlichgraue Schluffe auf. Stellenweise ist ein schwacher Glaukonit- und selten ein ganz geringer Kalkgehalt wahrnehmbar. Mitunter sind Kalksandsteinbänkchen eingeschaltet. In südlicher Richtung werden die schluffigen Bildungen in zunehmendem Maße durch schwarzbraune Sande ersetzt. Nur ganz im NW der Scholle von Calvörde erreicht das Obere Untereozän knapp 40 m. Sonst beträgt die Mächtigkeit im größten Teil des Arbeitsraumes zwischen den Salzaufbrüchen Dannefeld und Colbitz um 20 m. Abweichungen davon treten in solchen Gebieten auf, in denen Salzabwanderungen und vor allem -auslaugungen stattgefunden haben. Hier ist oftmals eine etwas größere Sedimentanhäufung kennzeichnend. Generell betrachtet, ist auch für das Obere Untereozän ein Mächtigkeitsrückgang von N nach S festzustellen. Als dessen Folge keilen seine Ablagerungen über der Bülstringen—Farslebener Mulde aus.

Das Untere Untereozän ähnelt in seiner lithologischen Ausbildung dem Oberen Untereozän, ist jedoch auch in den nördlichen Anteilen des Untersuchungsraumes überwiegend feinsandig entwickelt. Charakteristisch für den tieferen Abschnitt sind eingelagerte Kalksandstein- bzw. Kalkschluffsteinbänkchen. Die größte Mächtigkeit des Unteren Untereozäns findet sich gleichfalls im nordwestlichsten Zipfel des bearbeiteten Gebietes mit 40 m. Sie nimmt von da aus bei hauptsächlich E—W verlaufenden Isopachen in Richtung nach S ab. Ebenso wie beim Oberen Untereozän sind meistenteils auch eine erhöhte Sedimentdicke des Unteren Untereozäns über Salzauslaugungs- und -abwanderungsgebieten und das Auskeilen über der Bülstringen—Farslebener Mulde erkennbar.

Das Paläozän wird durch grauschwarze kalkfreie Feinsande, Schluffe und Tone repräsentiert. Kennzeichnend ist eine fast durchgehende kohlige Verunreinigung. Die Sedimente des Paläozäns sind nur da erhalten geblieben, wo im Untergrund eine kräftige Salzauslaugung wirksam war. Die Mächtigkeiten sind daher schwankend. Mit Sicherheit konnten bislang max. über 60 m Paläozän nachgewiesen werden. Es umfaßt marine bis brackisch beeinflußte Sedimente mit Eislebener Bild, d. h. vom tiefsten Paläozän (z. T. Dan?) bis hinauf zum Hannoverschen und Antweiler Bild, das dem höheren Paläozän entspricht (vgl. W. KRUTZSCH 1957 und 1960).

Kreide (Abb. 4)

Oberkreide

Die in großen Teilen der Altmarksenke verbreiteten Oberkreideablagerungen treten auch am Gardelegener Abbruch auf. Nachgewiesen wurden Santon, Coniac, Turon und Cenoman. Auf der Scholle von Calvörde selbst liegen über dem Top der Salzaufbrüche gelegentlich Sedimente mit Oebisfelder Bild — nach W. KRUTZSCH (1957, 1960) etwa Obercampan bis Untermaastricht —, deren Erhaltung bzw. Entstehung eindeutig subrosiven Vorgängen zu verdanken ist. Diese Bildungen erreichen im Höchstfalle knapp 60 m. Sie sind teils mariner, teils festländischer Herkunft und setzen sich im oberen Abschnitt aus dunkelgrauen Sanden und Schluffen zusammen. Nicht selten sind Einschaltungen braunkohleführender Lagen von wenigen Dezimeter Stärke und nur vereinzelt etwas Glaukonit anzutreffen. Im unteren Profilabschnitt können die Sande zu Feinsandsteinen verfestigt sein und einige Meter Kalkstein auftreten.

Die aufgeschlossene wahre Mächtigkeit des Santon/Coniac beträgt wenigstens 420 m. Davon entfallen zumindest 300 m auf das Santon und höchstwahrscheinlich mehr als 120 m auf das Coniac. Der hangende Anschluß zum Untercampan konnte nicht hergestellt werden. An Hand der bisher durchgeführten ausschließlich mikrofaunistischen Untersuchungen ist es noch nicht gelungen, die Stufen und Teilstufen exakt zu trennen. Die paläontologische Bearbeitung, von der weitere Ergebnisse zu erhoffen sind, ist noch im Gange.

Das Santon/Coniac besteht im Raum Burg—Dolle aus grünlichgrauen kalkigen Schluffsteinen (Mergelsteinen). An größeren Einlagerungen fallen im höheren Mittel- bis Obersanton (in Abb. 4 nicht mehr erfaßt!) in Abständen von 5—60 m Kalkfeinsandsteinbänke mit meist 10—14 m, gelegentlich aber auch nur 2 m Stärke auf. Die Schluff- und Sandsteine sind häufig etwas glaukonitisch. Vereinzelt finden sich auch kleine Kohlepartikel. Im Abschnitt Mittelsanton bis Oberconiac treten die mächtigen Sandsteineinschaltungen anscheinend zurück. Das gleiche gilt für den Grenzbereich Oberconiac/Unterconiac. Erst im sicheren Unterconiac liegen wieder dickere Kalksandsteinbänke vor, die mit Annäherung an das Turon stark überwiegen und im tiefsten Abschnitt Gerölle führen.

Die Umgebung von Letzlingen ist demgegenüber durch eine fazielle Entwicklung gekennzeichnet, in der sich die Nachbarschaft zum Festland deutlicher bemerkbar macht. Hinweise dafür liefern vor allem zahlreiche konglomeratische Einschaltungen mit Rollerzlagern sowie das Dominieren der Sandsteine gegenüber dem Mergelsteinanteil.

Bei den Konglomerathorizonten handelt es sich um kalkige Fein- bis Grobsandsteine, die in wenige Dezimeter bis über 5 m mächtigen Abschnitten Gerölle einschließen. Im allgemeinen ist der klastische Hauptbestandteil der Sandsteine Quarz. Mehr oder weniger häufig sind Glaukonit und Fossilreste. Untergeordnet kommt Feldspat vor. Das Bindemittel ist meist kalkig, daneben aber auch schwach tonig.

Die Sedimente lassen einen zyklischen Aufbau erkennen, der mehrfache Regressionen und Transgressionen des Oberkreidemeeres widerspiegelt. Die lithologische Ausbildung der Oberkreide im Gebiet zwischen Gardelegen und Klötze ist noch unbekannt.

Obgleich durch den paläontologischen Befund bisher nicht umfassend bestätigt, wird angenommen, daß die Grenze des Turons gegen das Coniac etwa bei dem Einsetzen hellgrauer bis weißer Kalksteine unterhalb der schon erwähnten, z. T. geröllführenden Kalksandsteine zu legen ist. Die wahre Mächtigkeit des Turons beträgt in der Umgebung von Klötze etwa 270 m, im Gebiet Burgstall ca. 100 m und bei Burg knapp 40 m.

Auch für das Cenoman ist eine Mächtigkeitsabnahme in gleicher Richtung offenkundig. Hierfür können zugrunde gelegt werden: mehr als 80 m Cenoman bei Klötze, ca. 60 m bei Uchtspringe und rd. 30 m bei Burg. Die nur mikrofaunistisch gestützte Liegendbegrenzung des Cenomans ist petrofaziell bei dem Verschwinden der Kalksteine und Einsetzen dunkler Tonmergelsteine des Oberalbs gezogen worden.

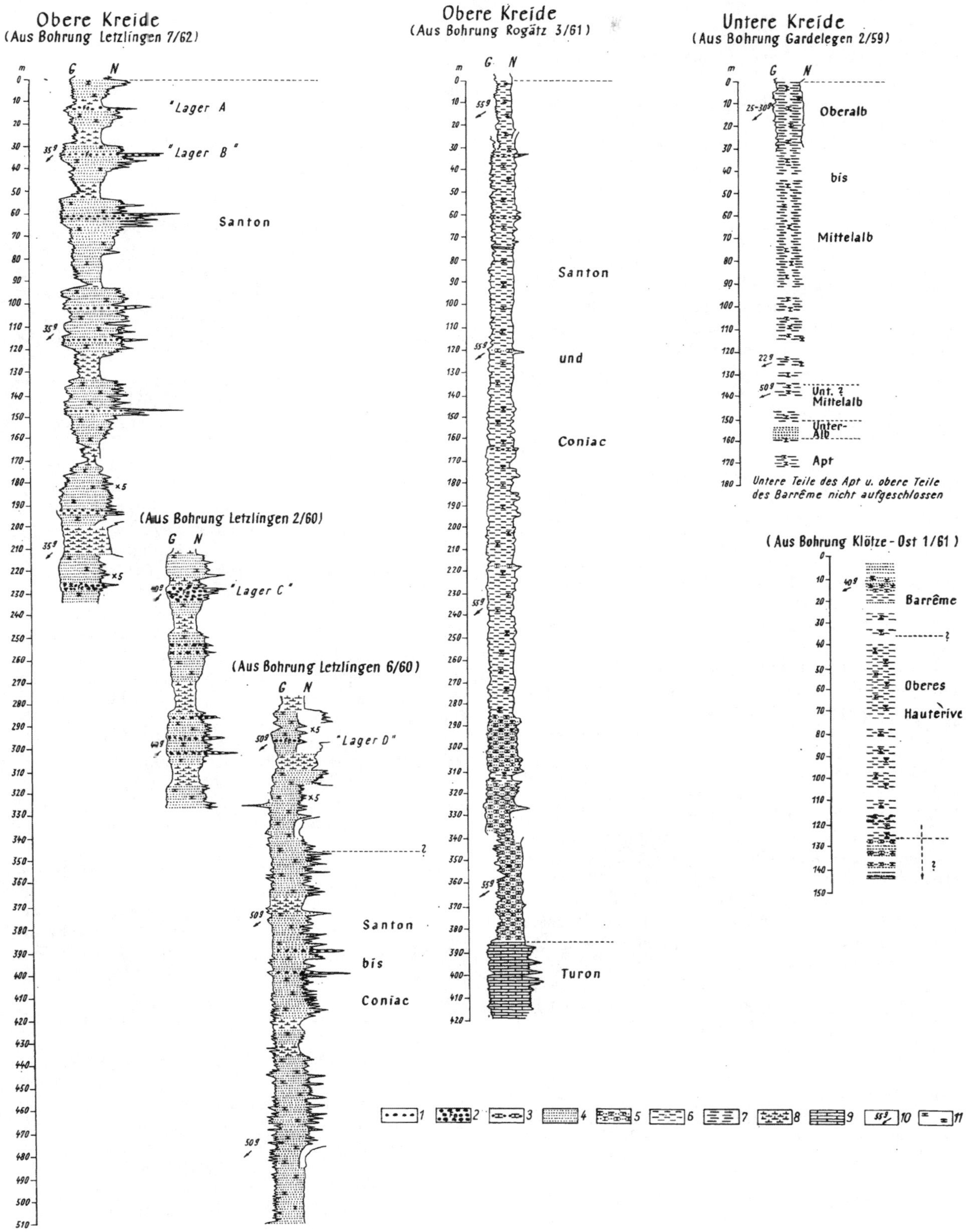

Abb. 4. Bohrlochmeßkurven und vereinfachte Lithologie der Kreide

1 — Konglomerat, 2 — Rollerz, 3 — Konglomerat mit Basalzement, 4 — Sandstein, 5 — Kalksandstein, 6 — Schluffstein, 7 — Tonstein, 8 — Mergelstein, 9 — Kalkstein, 10 — Einfallen am Kern, 11 — $CaCO_3$-Gehalt; G — Gammakurve (nach links abnehmende Intensität), N — Widerstandskurve (nach rechts zunehmender Widerstand)

Im Raum Burgstall—Burg, aus dem allein Bohrkernmaterial vorlag, besteht das Turon ebenso wie das Cenoman aus dichten Kalksteinen. Eine Schichtung ist häufig durch mehr oder weniger deutlich begrenzte Tonmergelstein- bzw. Mergelsteinpartien erkennbar. Die ausgebrachten Kalksteine des höheren Oberturons und Mittelturons sowie des Cenomans zeigen hellgraue und weiße Farben. Im Unterturon treten darüber hinaus, zumeist in raschem Wechsel, bunte Farbtöne auf, die Anklänge an die Rotpläner-Fazies bekunden.

Unterkreide

Während in der Gegend von Klötze wahrscheinlich mehr als 500 m Unterkreide, davon rd. 30 m Wealden, abgelagert wurden, nimmt die Mächtigkeit im Vorfeld des Gardelegener Abbruches nach SE schnell ab. Sie beträgt bei Gardelegen vermutlich kaum mehr als 150 m. Es wurden an dieser Stelle, neben wenigen Metern Wealden, Sedimente des Ober- bis Mittelalbs und des Unteralbs bis hinunter zum Apt mit über 120 m wahrer Mächtigkeit aufgeschlossen. Die zutage gebrachten tieferen Partien des Wealdens, oberhalb des Serpulits, bauen sich aus schwarzen Schluffsteinen auf, die in graue Mergelsteine übergehen können. Vereinzelt sind dichte Kalksteinbänke bis zu einigen Dezimetern Stärke eingebettet. Typisch sind Muschelpflaster, schillreiche Horizonte und Kohleflitter.

Das Ober- bis Mittelalb wird überwiegend von grauen und grauschwarzen Tonsteinen gebildet, die auf Grund ihres Kalkgehaltes auch als Tonmergelsteine angesprochen werden können. Gelegentlich ist ein geringer Glaukonitanteil vorhanden.

Im Unteralb tritt schwarzgrüner glaukonitischer Feinsand auf. Die darunter folgenden Tonmergelsteine des Apts, von denen lediglich die hangenden 10 m zur Verfügung standen, sind wegen ihres Glaukonitanteils schwach grün gefärbt.

Zwischen Burgstall und Burg ist nur noch Alb mit ca. 20—30 m vorhanden. Wealden ließ sich in diesem Gebiet bereits nicht mehr nachweisen.

Etwa 25 m biostratigraphisch nicht eindeutig ausgewiesenes Barrême und über 70 m sicheres Oberes Hauterive von der Tenuis- bis unter die Hildesiensezone standen aus dem Untergrund östlich von Klötze zur Verfügung. Der untere Abschnitt des Barrêmes setzt sich aus mehrere Meter starken, dunkelgrauen, meist etwas glaukonitführenden Feinsandsteinen zusammen, die verschiedentlich in Kalkfeinsandstein übergehen können. Außerdem sind bis zu einigen Metern mächtige, kalkige Schluffsteine mit etwas dunklerer Farbtönung vorhanden.

Das Obere Hauterive unterscheidet sich in den hangenden 60 m vom soeben skizzierten Barrême lediglich durch einen stellenweise stärkeren Tonanteil und durch das Fehlen bzw. Zurücktreten der Sandsteine und des Glaukonits. Bei den unteren 12 m handelt es sich um grauen, gelegentlich olivgefärbten Kalkfeinsandstein, an dessen Stelle an der Basis des Aufschlusses Kalkstein auftritt. In den oberen Partien des Kalksandsteins sind eisenhydroxydumkrustete braune Pseudo-Ooide erwähnenswert.

Jura (Abb. 5)

Die Gesteine des Juras lagern am Gardelegener Abbruch und im Zentrum der Mulde von Bülstringen. Die Gliederung der angetroffenen Schichten erfolgte nach paläontologischen Kriterien sowie mittels der Bohrlochgeophysik.

Malm

Der Malm tritt im Gebiet Klötze—Gardelegen mit 270 bis 230 m auf. Es sind hier belegt Portland 6—1, Mittelkimmeridge, Unterer Korallenoolith und Obere Heersumer Schichten.

Das Portland 6 besitzt eine Mächtigkeit von ca. 50 m und rekrutiert sich im wesentlichen aus Mergel- und Tonsteinen. Daneben sind dichte Kalksteine, Schillkalke und untergeordnet Schluffsteine vorhanden. Die Sedimente sind durchweg grau, partienweise auch grüngrau, sehr selten oliv und bräunlich gefärbt, ganz vereinzelt auch schwach bräunlich und rötlich gefleckt. Die Ton- und Schluffsteine sind zumeist etwas kalkig. Der Mergelstein ist häufig durch dunklere Tonsteinlamellen oder Kalkstein- bzw. Schluffsteinlagen feinschichtig. Der Kalkstein liegt entweder in Form dichter, bis 1,6 m starker Bänke vor oder ist durch Mergelstein-, Tonstein- oder Schillkalklagen geschichtet und selten geflasert.

Die Mächtigkeit des Portlands 5 beträgt etwa 90 m. Seine Hauptgesteine bilden Kalkmergelstein, Mergelstein und Tonmergelstein. Nur in den hangenden 4,5 m treten einzelne Kalksteinbänke auf. Die oberen 20 m sind hellgrau bis grau, partienweise auch graugrün und oliv gefärbt. In den liegenden 70 m sind daneben bräunliche und rötliche Partien vorhanden. Stellenweise fallen einzelne olivbraune bis rötliche Flecken ins Auge. Eine Differenzierung zwischen feiner- und gröberkörnigem Material bewirkt mitunter eine Feinschichtung der Mergelsteine.

Das Portland 4 ist etwa 2 m stark. Es besteht aus weißen bis dunkelgrauen Kalksteinen. Der Kalkstein ist durch dünne hellgraue Schillkalklagen sowie dunkelgraue Tonlagen und -flasern teilweise feinschichtig. Stellenweise ist Glaukonit in kleinen Nestern angereichert.

Das Portland 3—1 erreicht eine Mächtigkeit von 45 m und besteht hauptsächlich aus Mergelsteinen. Die hangenden 12 m zeigen eine graue und graugrüne Farbe. In diesem Bereich ist das Gestein mitunter schwach bräunlich gefleckt. Von 12—45 m treten dunkelbraune bis rotbraune Farben, in den unteren 12 m vereinzelt graulila Farbtöne hinzu. Der Mergelstein ist stellenweise durch dunkelgraue tonige Lamellen und Lagen geschichtet.

Das Mittel- und (Unter-?)Kimmeridge ist etwa 12 m mächtig und setzt sich hauptsächlich aus Kalkstein und Dolomit zusammen. Die teilweise porösen Kalksteine zeigen eine hellgraue bis olivbraune Färbung.

Die Mächtigkeit des Unteren Korallenooliths beträgt ca. 11 m. Er wird repräsentiert durch charakteristische hellgraue sowie fahlbraune oolithische Kalksteine und durch grobe hellgraue Schillkalke. Außerdem treten zwei graue, stellenweise olivbraune und rötlich gefleckte, ca. 0,8 m messende Oolithbänke mit Kalkooiden und Mergelsteinlagen auf. Weiterhin sind einzelne graue bis dunkelgraue tonige, stark kalkige Schluffsteinbänke bis ca. 25 cm Dicke vorhanden. In einzelnen Partien ist ein schwach bituminöser Geruch wahrnehmbar.

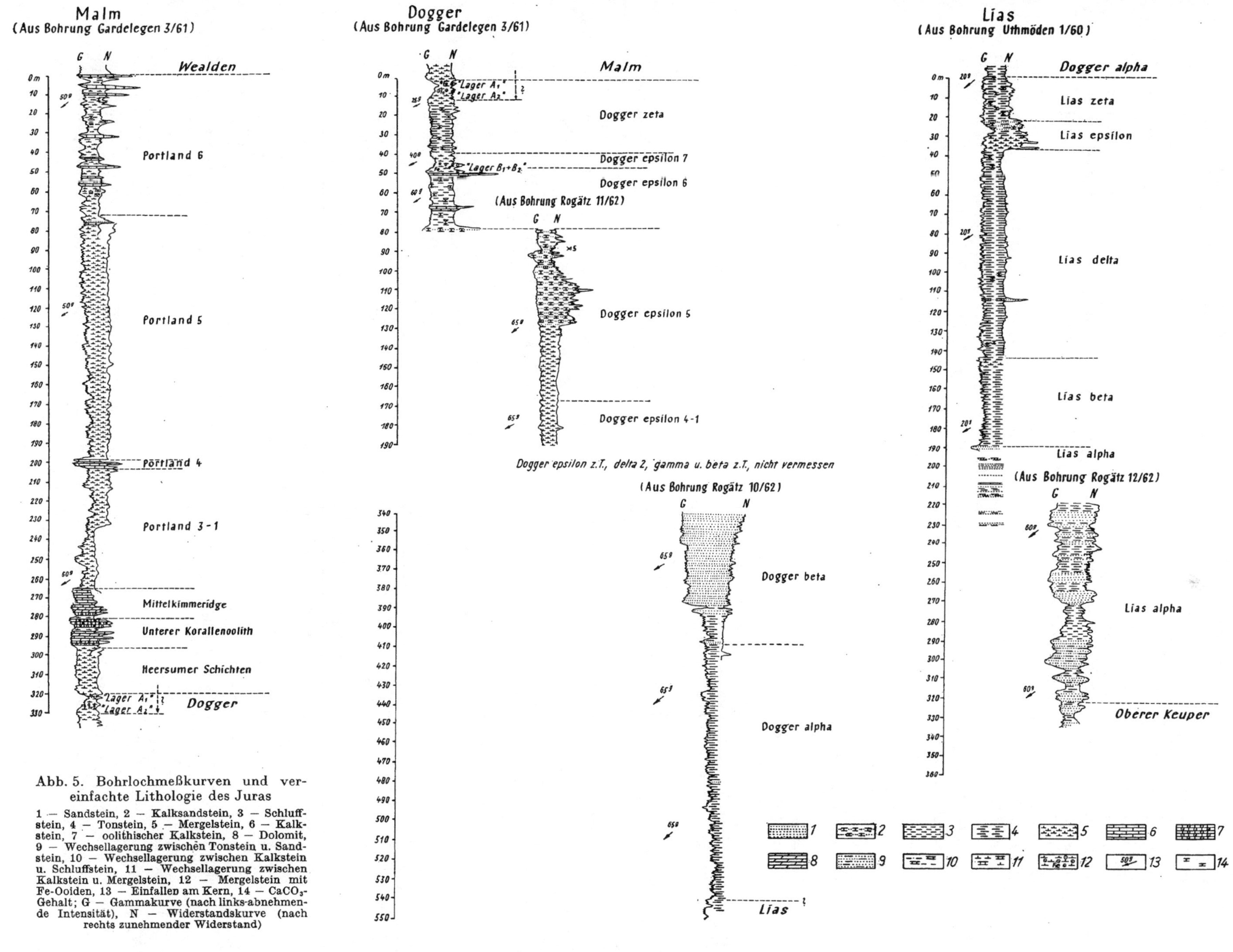

Abb. 5. Bohrlochmeßkurven und vereinfachte Lithologie des Juras

1 — Sandstein, 2 — Kalksandstein, 3 — Schluffstein, 4 — Tonstein, 5 — Mergelstein, 6 — Kalkstein, 7 — oolithischer Kalkstein, 8 — Dolomit, 9 — Wechsellagerung zwischen Tonstein u. Sandstein, 10 — Wechsellagerung zwischen Kalkstein u. Schluffstein, 11 — Wechsellagerung zwischen Kalkstein u. Mergelstein, 12 — Mergelstein mit Fe-Ooiden, 13 — Einfallen am Kern, 14 — $CaCO_3$-Gehalt; G — Gammakurve (nach links abnehmende Intensität), N — Widerstandskurve (nach rechts zunehmender Widerstand)

Die Oberen Heersumer Schichten besitzen eine Mächtigkeit von ca. 16 m und bestehen aus grauen Tonmergelsteinen.

Gegenüber der Umgebung von Gardelegen ist nach Klötze zu eine Mächtigkeitsreduktion des Portlands 4—1 zu konstatieren. Auch geht die Schichtdicke des Unteroxfords etwas zurück. Im Bereich Unterer Korallenoolith/Obere Heersumer Schichten schieben sich Sandsteine ein.

Ein schneller Mächtigkeitsschwund macht sich von Gardelegen aus in Richtung SE bemerkbar. Schon bei Uchtspringe (Mbl. 3435) entfallen auf den Malm lediglich rd. 70 m, bei Burgstall sind im wesentlichen nur noch die Heersumer Schichten vorhanden. Nordwestlich und südöstlich Burg dürfte der Malm am Gardelegener Abbruch bereits vollständig fehlen.

Dogger

Die Gesamtmächtigkeit des Doggers ist längs des Gardelegener Abbruches im Raum Burgstall—Gardelegen mit ca. 270 bis 290 m anzusetzen. Südlich davon ist auf der Scholle von Calvörde nur im Zentrum der Mulde von Bülstringen Dogger alpha der Abtragung entgangen.

Der Dogger zeta (Ornatenschichten) umfaßt rd. 32 m. Die hangenden 10 m dieses Komplexes bestehen aus grauen und olivfarbenen Mergelsteinen. Vereinzelt sind ihnen Feinsandflasern, -nester und -schmitzen eingeschaltet. Auffallend sind in zwei Bänken gehäuft auftretende dunkelbraune Eisenerzooide. Die eisenerzführenden Horizonte werden von ca. 30—40% Eisenhydroxydooiden und ca. 60—70% Bindemittel aufgebaut. Die stratigraphische Stellung dieser nahezu fossilleeren eisenerzführenden Lager ist nur insoweit geklärt, als sie sich zwischen Heersumer Schichten und Ornatenschichten befinden. Nach mikropaläontologischen Untersuchungen gehören die Eisenoolithhorizonte A_1 und A_2 höchstwahrscheinlich noch in die Heersumer Schichten. Die unteren 22 m des Doggers zeta werden von wenige Dezimeter mächtigen Tonstein- und Schluffsteinpaketen im Wechsel aufgebaut. Sie sind durch eine einförmige graue, schwach grünliche Farbe gekennzeichnet und durchweg kalkig.

Der Dogger epsilon 7 (Makrocephalenschichten) besteht aus mehr als 7 m grauen, gelegentlich schwarzbraunen Mergelsteinen. An der Grenze zum Dogger epsilon 6 sind braune Eisenerzooide vorhanden.

Der Dogger epsilon 6 (*Aspidoides*-Schichten) mißt bis zu 19 m. Er setzt mit einer ca. 1,5 m starken Mergelsteinpartie ein. Diese birgt wie die Mergelsteine des Doggers epsilon 7 gleichfalls braune Eisenerzooide (Lager B_1 und B_2). Daran anschließend folgt eine ca. 1 m dicke Kalksteinbank grauer Färbung, die dunkelbraune Eisenerzooide führt und von Mergelsteinflasern und -nestern durchzogen wird. Die ca. 16 m mächtige, darunter folgende Partie des Doggers epsilon 6 wird von grauen kalkigen Schluffsteinen aufgebaut. Sie sind durch Schmitzen stellenweise feinsandig. Sporadisch treten in diesem Abschnitt Eisenerzooide auf, die sich bis in den Cornbrash-Sandstein fortsetzen. Etwa 6,5 m über der Basis der *Aspidoides*-Schichten ist eine zweite, ca. 1 m starke Kalksteinbank eingeschaltet.

Der Dogger epsilon 5 (*Württembergicus*-Schichten) läßt sich in zwei lithologisch unterschiedliche Einheiten teilen. Die hangenden ca. 23,5 m liegen in Cornbrash-Fazies vor und werden von grauen, schwach bräunlichen Kalksandsteinen aufgebaut. Den Kalksandstein durchziehen dünne Tonsteinflasern. Die eingelagerten Eisenerzooide sind vor allem auf den Schichtflächen und z. T. nesterartig angereichert. Bei ca. 4,5 m unter der Grenze Dogger epsilon 6/5 befindet sich eine etwa 1,5 m dicke, grauschwarze, stark kalkige Schluffsteinbank. Die liegenden ca. 17,5 m der *Württembergicus*-Schichten bestehen aus dunkelgrauen bis grünlichgrauen Mergelsteinen. Der starke Sandgehalt dieses Gesteins ist in Form von Schlieren und dünnen, häufig zerrissenen Lagen konzentriert. Weiterhin sind Schillbänkchen zu verzeichnen. Toneisensteingeoden und -lagen können teilweise eine Dicke bis 0,3 m erreichen.

Etwa 14 m über der Basis der *Württembergicus*-Schichten befindet sich ein etwa 1,50 m mächtiger Horizont, der aus einer Wechsellagerung von Mergelsteinen und grünlichgrauen bis bräunlichen Sandsteinen besteht. Hier sind untergeordnet auch kleine Eisenerzkörnchen enthalten.

Die Gesamtstärke des Doggers epsilon 4—1 (*Parkinsoni*-Schichten) beläuft sich auf etwa 58 m. Die Oberen *Parkinsoni*-Schichten mit einer Mächtigkeit von etwa 36 m setzen mit einem ca. 9 m umfassenden grauen, z. T. auch grünlichgrauen Mergelsteinhorizont ein. Er ist von flasrigen Sandlagen und Toneisensteingeoden durchsetzt. Dieser Mergelsteinhorizont wird von einem Tonmergelsteinbereich abgelöst, dessen Mächtigkeit ca. 10 m beträgt. Die Färbung wechselt zwischen grau, dunkelgrau, grünlichgrau und dunkelolivgrau. Die liegenden 17 m der Oberen *Parkinsoni*-Schichten werden von grauen Tonstein- und Tonmergelsteinpaketen in Wechsellagerung aufgebaut. Eingeschaltet sind hellere, sandig-schluffige Schmitzen. Eine ähnliche Ausbildung weisen die ca. 22 m umfassenden Unteren *Parkinsoni*-Schichten auf.

Im Hangenden des Doggers gamma konnten die Übergangsschichten Dogger epsilon/delta 2 (*Parkinsoni*-/Garantianenschichten) ausgehalten werden. Dieser nur rd. 3,5 m starke Horizont wird von grauem bis dunkelgrauem sehr stark sandigem Mergelstein gebildet, der von einer rd. 0,5 m starken dunkelgrauen Tonsteinpartie unterlagert wird.

Unter den fraglichen Garantianenschichten setzt direkt der Dogger gamma (Sonninienschichten) ein. Er wird lediglich von 3,5 m dunkelgrauen Mergelsteinen und Tonmergelsteinen repräsentiert.

Für den Dogger beta (Ludwigienschichten) wurde eine Mächtigkeit von mehr als 60 m ermittelt. Die hangenden 6 m bestehen aus grau und oliv gefärbtem, schwach kalkigem Tonstein, der vereinzelt Toneisensteinlagen führt. Das Gestein gehört in die *Discites*/*Concava*-Subzonen. Diese werden von 18 m grauen, olivgrauen, graugrünen und braunen Tonsteinen unterlagert. Vereinzelt sind Feinsandlagen und -schlieren zu verzeichnen. Den untersten Meter bildet ein grauer, stark sandiger Mergelstein. Die liegenden 36 m des Doggers beta sind folgendermaßen ausgebildet: Der obere ca. 26 m mächtige Abschnitt wird von hellgrauem bis weißem kalkfreiem Feinsandstein verkörpert. Er ist von Schluffsteinflasern und Tonsteinlagen durchsetzt. Die darunter folgenden ca. 10 m bauen sich aus hellgrauen bis dunkelgrauen kalkfreien Tonsteinen auf.

Sie werden von etwas heller gefärbten Schluffstein- und Feinsandsteinflasern durchzogen. An der Basis des Doggers beta ist eine ca. 2 m starke Partie mit erhöhtem Sandgehalt zu verzeichnen.

Der Dogger alpha (*Opalinum*-Schichten) ist wahrscheinlich knapp 70 m mächtig und lithologisch sehr einheitlich ausgebildet. Er besteht aus einem grünschwarzen bis schwarzen teilweise kalkfreien Tonstein. Vereinzelt sind Feinsandsteinschmitzen eingelagert. Nicht unerwähnt bleiben sollen Toneisensteingeoden und max. 0,5 m starke Toneisensteinlagen. Etwa 37 m unter der Basis des Doggers beta befindet sich eine etwa 0,7 m starke hellgraue bis weiße Feinsandsteinbank.

Zwischen Gardelegen und Klötze schrumpfen die Ornatenschichten. Die gleiche Tendenz ist bei den Makrocephalenschichten festzustellen. Vom Dogger delta 2 bis in den Dogger gamma besteht im gesamten Untersuchungsgebiet (einschließlich der südlichen Altmarksenke) eine weitverbreitete Schichtlücke. Der Dogger gamma, der auf dem Mbl. Rogätz (3636) nur rd. 4 m umfaßt, schwillt nach NW bis auf etwa 25 m im Gebiet des Mbl. Klötze-Ost (3433) an.

Etwa von Angern aus ist in Richtung SE mit einem schnellen Ausdünnen des Doggers zu rechnen, da seine Sedimente im Gebiet von Burg nicht mehr anzutreffen sind.

Lias

In der Mulde von Bülstringen sind insgesamt etwa 270 m Lias vorhanden. Ähnlichen oder nur unbedeutend höheren Werten begegnet man im nordöstlichen Vorland der Scholle von Calvörde zwischen Lindstedt (Mbl. 3435) und Tangerhütte (Mbl. 3536). Deutliche Grünfärbungen lassen sich im Gebiet südlich von Burgstall im Lias zeta und epsilon beobachten. In der Bülstringener Mulde sind der Lias epsilon und delta mit Ausnahme seines unteren Teiles grünlich gefärbt. Grüne Farben zeigen auch die basalen Schichtglieder des Lias alpha.

Der Lias zeta (Oberes Toarce) ist in den Aufschlüssen 20—50 m mächtig. Er besteht aus dunkelgrauen, bräunlichgrauen und olivgrauen Tonsteinen. Dabei weisen die oberen Meter nur schwachen, die unteren Meter dagegen einen etwas steigenden Kalkgehalt auf. Die Tonsteine besitzen deutliche Feinschichtung im Millimeterbereich, die durch olivgraue, bräunlichgraue und weißgraue Feinsandsteinlagen hervorgerufen wird. Der Lias zeta 1 fehlt in der Mulde von Bülstringen. Die Abgrenzung gegen den Dogger alpha und Lias epsilon konnte auch durch Megafossilien untermauert werden, da zahlreiche, gut erhaltene Exemplare der Ammonitengattungen *Harpoceras*, *Grammoceras* und *Dumortieria* sowie einzelne Belemniten und Muscheln vorhanden sind. Entscheidend für die stratigraphische Einstufung war der Nachweis des Ammoniten *Grammoceras striatulum* (SOW.), des Leitfossils für Lias zeta 2. Außerdem wurde noch *Grammoceras radians* (REIN.) (= *Grammoceras fallaciosum* BAYLE), eine Charakterform des Lias zeta, gefunden. Das Leitfossil für Lias epsilon, *Harpoceras lythense* (YOUNG & BIRD), tritt dicht unter *Grammoceras striatulum* (SOW.) auf. Es muß daher geschlossen werden, daß Lias zeta 1 ausfällt.

Der Lias epsilon (Unteres Toarce) scheint am Gardelegener Abbruch südlich Burgstall geringmächtig zu sein. Er ist auch in den wenigen restlichen Aufschlüssen der südlichen Altmarksenke unter 10 m und in der Bülstringener Mulde höchstens 14 m stark. Während in den oberen 7 m dunkelolivgraue Tonsteine vorliegen, sind die unteren 7 m als gleichfarbige Mergelsteine entwickelt. Ein etwas steigender Feinsandanteil kommt gegenüber dem Lias zeta dadurch zum Ausdruck, daß die auch hier vorhandene Feinschichtung teilweise in Wechsellagerung übergeht. Die Ton- und Feinsandsteine sind überwiegend kalkig. Bemerkenswert ist ein schwacher Bitumengehalt, der deutlich erkennen läßt, daß es sich bei diesen Sedimenten um das Äquivalent des Posidonienschiefers NW-Deutschlands handelt. Die Abtrennung des Lias epsilon erfolgte durch fehlende Mikrofauna und das Auftreten von Megafossilien. Als Leitfossilien wurden die Ammoniten *Dactylioceras commune* (SOW.) und *Harpoceras lythense* (YOUNG & BIRD) nachgewiesen.

Vom Lias delta (Oberes Pliensbach) sind in der Bülstringener Mulde und auf großen Flächen des südlichen Teils der Altmarksenke etwa 100 m überliefert. Der Lias delta baut sich im wesentlichen aus einförmigen, grauen bis dunkelgrauen, gelegentlich auch oliv- bis bräunlichgrauen, untergeordnet graugrünlichen Tonsteinen auf. Die Feinschichtung ist, wie eben beschrieben, meist gut ausgeprägt, der Kalkgehalt wechselhaft. Nicht selten sind sog. Toneisensteine. Auffällig erscheinen einzelne Faserkalklagen, deren Stärke sich im Millimeterbereich bewegt. Etwa 28 m über der Basis wurde grauer feinkörniger, schillreicher Kalksandstein von etwa 0,5 m Stärke angetroffen. Die Einstufung in den Lias delta ist durch das Auftreten von *Amaltheus margaritatus* MONTF. gesichert.

Der Lias gamma (Unteres Pliensbach) fehlt in der Mulde von Bülstringen. Auch im Gebiet Lindstedt—Tangerhütte werden nicht einmal 20 m erreicht.

Die Abgrenzung des Lias beta (Lotharing) ist nicht eindeutig, da Megafossilien nur in Form unbestimmbarer Bruchstücke auftreten und eine typische Mikrofauna äußerst selten ist. Repräsentiert wird die im erwähnten Untersuchungsgebiet etwa 30—45 m mächtige Sedimentfolge durch gleichförmige dunkelgraue bis grauschwarze Ton- und Schluffsteine, die nur geringen Kalkgehalt aufweisen. Feinsandsteine fehlen fast völlig. An der Oberkante konnte etwa 3 m grauer bis dunkelgrauer Mergelstein erbohrt werden.

Im Lias alpha (Sinemur—Hettange) treten Feinsandsteine stark in den Vordergrund. Teilweise erreichen die Sandsteinpakete Mächtigkeiten bis zu 5 m. Zwischen den Sandsteinbänken sind oftmals graue bis dunkelgraue Ton- bzw. Schluffsteine zur Ablagerung gekommen, deren Schichtung durch hellere, z. T. flasrige Feinsandsteinlagen hervorgerufen wird. Die größte Mächtigkeit erreichen die Schluff- und Tonstein-Zwischenmittel mit 10 m von 10—30 m über der Basis.

Mitunter wurde Tonstein in Wechsellagerung mit Feinsandstein angetroffen.

Während der Kalziumkarbonatgehalt sehr niedrig ist, reichert sich Glimmer auf Schichtflächen oftmals stark an. Erwähnt werden muß, daß die Sandsteine in den unteren 20—25 m überwiegend von dunkelgrüngrauer Farbe sind. Im restlichen Profilabschnitt weisen sie dagegen durchweg graue und hellgraue Farbtöne auf. Die Schluff- und Tonsteine sind in den unteren 20—25 m ebenfalls grünlich gefärbt.

Nicht selten lassen sich kohliges Pflanzenmaterial und Fossilreste finden. Bleiglanz ist an vereinzelten Stellen in Form von Butzen eingelagert. Ungefähr in der Mitte des Profils zeigen die Sandsteine bituminösen Geruch. Etwa 71 und 41 m über der Basis befindet sich jeweils eine bis 10 cm dicke Kalksteinbank.

Die Grenze zum Oberen Keuper konnte anhand von Sporen festgelegt werden. Es ergibt sich für den Lias alpha in der Bülstringener Mulde eine Mächtigkeit von rd. 90 m. Die Werte für die südliche Altmarksenke können davon nach oben und unten abweichen.

Bemerkt sei noch, daß die sog. Toneisensteine sowohl im Lias alpha als auch im Lias beta vorkommen.

Im Vergleich zu dem betrachteten Gebiet geht die Gesamtmächtigkeit des Lias hauptsächlich durch Schichtausfälle erheblich in Richtung Mbl. Burg (3737) zurück, wo nur noch Lias delta und alpha in einer Stärke von jeweils unter 60 m bzw. um 70 m entwickelt sind.

(Fortsetzung s. nächstes Heft)

Zur Ausbildung und Genese des Kalilagers Staßfurt im Thüringer Becken[1]

GERD SEIDEL, Jena

(Mitteilung aus dem VEB Geologische Erkundung West, Betriebsabteilung Jena)

Einleitung

Seit mehreren Jahrzehnten baut man bereits Kalisalze im Thüringer Becken ab. Trotzdem gibt es nach wie vor unterschiedliche Meinungen über die Genese der Kalisalze (s. u. a. E. STOLLE 1959, H. BORCHERT 1959, A. BAAR 1960, R. LANGBEIN 1961, G. SEIDEL 1961, E. STOLLE 1963).

Verf. (1963a) hatte Gelegenheit, sich eingehend mit der geologischen Entwicklungsgeschichte des Thüringer Beckens zu beschäftigen. Hier sollen die Paläogeographie, Tektonik und Auslaugung des Thüringer Beckens mit der Ausbildung sowie Verbreitung der Kalisalze verglichen werden, um Aussagen über die Genese der Kalisalze machen zu können.

Die laufende Überprüfung der genetischen Vorstellungen durch neue geologische Erkenntnisse ist die Grundvoraussetzung für eine Verbesserung der Erkundungskonzeption.

Ausbildung des Kalisalzlagers Staßfurt

Das Kalilager Staßfurt besitzt eine teils durch die Paläogeographie, teils durch die Auslaugung bestimmte Verbreitungsgrenze. Die nördliche Verbreitungsgrenze (s. Abb. 1) verläuft von Wiehe über Rottleben, Großwerther, östlich an Duderstadt und südlich an Worbis vorbei bis in die Gegend von Martinfeld bei Heiligenstadt. Diese Grenze ist größtenteils gebunden an die Auslaugungsvorgänge am Roßlebener Sattel, an die Finnestörung i. w. S., an den Kyffhäuser, an den Harz, an den Duderstädter Sattel, an den Leinefelder Sattel und an einen Sattel bei Martinfeld.

Westlich des Martinfelder und Duderstädter Sattels setzt das Kalilager an einer N—S verlaufenden Auslaugungsgrenze wieder ein. Das Fehlen des Kalilagers bei Rastenberg ist an die starke Aufwölbung und Störung der Schichten gebunden und als Auslaugungssenke zu erklären. Südlich des Harzes zeigt das Kalilager zum Teil eine primäre Verbreitungsgrenze (s. Abb. 1). So beginnt eine primäre Verbreitungsgrenze nördlich Hachelbich bei Sondershausen, springt stark nach Süden bis zur Hainleite vor und verläuft nördlich von Sondershausen bis nach Hain. Nordwestlich von Großfurra tritt ebenfalls wieder eine Ausbuchtung nach Süden auf. Nördlich der Schächte Hain verlaufen Auslaugungs- und Verbreitungsgrenze wenige Kilometer parallel. Westlich davon liegt die primäre Verbreitungsgrenze wieder im intakten Salzgebirge.

Weitere stark zerlappte Vertaubungsgebiete am nördlichen Verbreitungsrand befinden sich bei Großbodungen (Blatt Worbis) und Worbis.

Die südliche Verbreitungsgrenze ist ausschließlich eine primäre Grenze. Sie verläuft von Bad Bibra über den Ettersberg, nördlich an Erfurt, Langensalza und Mühlhausen vorbei bis in die Gegend von Küllstedt

Westlich des Auslaugungsgebietes von Martinfeld biegt die Verbreitungsgrenze nach N um und verläuft bis in die Gegend von Göttingen.

In Abb. 1 ist nur dort eine Zerlappung der Grenze zu erkennen, wo mehrere Bohrungen niedergebracht wurden. Der scheinbar geradlinige Verlauf in den anderen Gebieten wird durch die geringe Aufschlußdichte vorgetäuscht.

In den Vertaubungsgebieten kommt noch linsenartig verarmtes Hartsalz in einer Entfernung bis zu 8 km vom eigentlichen Verbreitungsrand vor. Diese linsenartigen Vorkommen sind in der Regel nicht bauwürdig.

Es treten in Richtung zum Rande halitische, halitisch-anhydritische und halitisch-anhydritisch-tonige Vertaubungen auf.

Stark tonige Vertaubungen zeigten sich in Bohraufschlüssen bei Großbodungen (R. LANGBEIN 1961, E. STOLLE 1962), Hachelbich und Frankroda. Bisher konnte in keinem Gruben- oder Bohraufschluß bei Vorhandensein von Leinesteinsalz (also bei sicher intaktem Salzgebirge) eine rein anhydritische Vertaubung gefunden werden. Auch aus diesem Grunde ist die Deutung des Sangerhäuser Anhydrites als Vertaubungsäquivalent des Kalilagers Staßfurt unwahrscheinlich (W. JUNG 1958).

An die Verbreitungsgrenze schließt sich fast ausnahmslos ein wenige Meter bis 10 km breiter Hartsalzsaum an. Er ist mehr oder weniger stark von Ver-

[1]) Eingang des Manuskripts in der Redaktion: 28. 11. 63

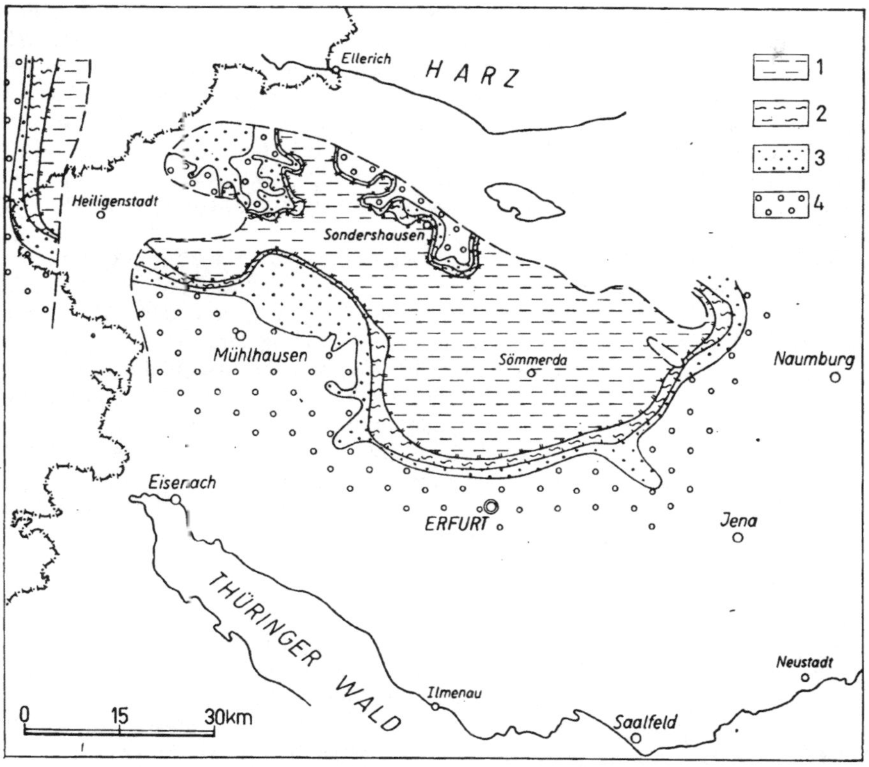

Abb. 1. Verbreitung und Fazies des Kalisalzflözes Staßfurt im Thüringer Becken
1 – Carnallitit, 2 – Mischsalz, 3 – Hartsalz, 4 – Vertaubung

taubungs- und Carnallititlinsen durchsetzt. Nach den Erfahrungen aus den Grubenbauen können die örtlichen Vertaubungen bis zu 50% des Hartsalzsaumes einnehmen. Es ist nicht immer einwandfrei möglich, örtliche von regionalen Vertaubungen zu trennen. Die Mächtigkeit des Hartsalzes schwankt zwischen 0 und 20 m. In Abb. 1 werden diejenigen Aufschlüsse in den Hartsalzsaum einbezogen, in denen bauwürdiges Hartsalz auftritt. Als Mindestmächtigkeit des Hartsalzes wurden 2 m bei Vorhandensein der „anzubauenden Bank" von ebenfalls 2 m angenommen. Der Durchschnittsgehalt an K_2O beträgt in den ausgehaltenen Bohrungen mindestens 13%.

Im Thüringer Becken kann man einen nördlichen und einen südlichen Hartsalzsaum unterscheiden. Der nördliche Hartsalzsaum verläuft von der Bohrung Hachelbich über die Bohrung Berka 2 (beide Blatt Sondershausen) bis nördlich von Großfurra (Bl. Schernberg). Der Hartsalzsaum weist eine Breite von 1–2 km auf.

Westlich davon zeigt der stark gewellte Hartsalzsaum nur noch eine geringe Breite von max. 400 m. Der nördlich Pustleben (Bl. Nordhausen-Süd) durch die Auslaugung abgeschnittene Hartsalzsaum setzt bei Treba wieder ein und verläuft über Bleicherode und Obergebra bis nach Brehme. Dieser Hartsalzsaum ist sehr stark zerlappt und zum Teil wegen zu geringer Breite unbauwürdig. E. STOLLE (1963) stellt verschiedene Hartsalzvorkommen dieses Gebietes auch als Inseln dar.

Der südliche Hartsalzsaum verläuft von den Schächten Georg-Unstrut über die Bohrungen Braunsroda (Bl. Eckartsberga), Ramsla (Bl. Neumark), Fahner Höhe 3, Langensalza 21, Rokkensußra 2 (Bl. Ebeleben) bis zum Grubengebäude von Volkenroda—Pöthen. Westlich davon setzt er sich fort über die Bohrung Horsmar (Bl. Mühlhausen) nördlich der Bohrung Küllstedt und südlich von Birkenfelde vorbei bis westlich vom Schacht Königshall—Hindenburg. Auf Grund der geringen Aufschlußdichte im südlichen Hartsalzsaum kann nicht entschieden werden, ob hier, wie im nördlichen Hartsalzstreifen, ebenfalls geringe Breiten von wenigen Metern auftreten.

An den nördlichen und südlichen Hartsalzsaum schließt sich in der Regel ein wenige Meter bis 4 km breiter Mischsalzsaum mit bauwürdigem Hartsalz an.

Im NE-Teil des Thüringer Beckens tritt ein zusammenhängendes Carnallititvorkommen (s. Abb. 1) auf, das von den Ortschaften Göllingen, Heldrungen, Rastenberg, Markvippach, Döllstädt und Bad Tennstedt begrenzt wird. Dieses zum Teil durch Auslaugung begrenzte Vorkommen setzt sich primär bis in das südöstliche Harzvorland und ins Subherzyne Becken fort (s. a. J. LÖFFLER 1960). Von diesem erzgebirgisch streichenden Hauptgebiet zweigt bei Greußen ein herzynisch streichendes Carnallititgebiet ab. Es verläuft über die Bohrungen Glückauf III, Ebeleben, Neu-Sollstedt 8 und Beberstedt (Blatt Niederorschel).

Im Bereich des Duderstädter, Leinefelder sowie Martinfelder Sattels ist der Carnallitit abgelaugt. Primär stand der Carnallitit vom Thüringer Becken mit dem Carnallitit der Bohrung Holzerode in Verbindung.

Ein Verbindungsglied zwischen beiden Carnallititvorkommen stellt das Profil Birkenfelde (westl. Heiligenstadt) dar, in dem gerade noch bauwürdiges Hartsalz neben mächtigem Carnallitit angetroffen wurde.

Von dem herzynischen Carnallititvorkommen des Thüringer Beckens zweigt östlich von Bleicherode ein Carnallititvorkommen ab, das im Norden bis zum Auslaugungsrand reicht.

Der Carnallitit besitzt im Thüringer Becken eine Mächtigkeit von 0–50 m. Besonders große Mächtigkeiten treten östlich von Bleicherode auf.

Im Hangenden und zum Teil auch im Liegenden wird der Carnallitit in der Regel von einer mehrere dm breiten Hartsalzbank begleitet. Diese Hartsalze können lokal linsenartig anschwellen.

Genese

Die Fazies des Kalilagers kann durch folgende Faktoren beeinflußt werden: Paläogeographie, Frühdiagenese, Tektonik und Auslaugung.

Im Thüringer Becken treten nach Auswertung von Mächtigkeits- und Fazieskarten (G. SEIDEL 1963a) mehrere Schwellen und Tröge auf.

Die Westgrenze des Thüringer Beckens bildet die Eichsfeldschwelle als ein Teil der Hunsrück-Oberharz-Schwelle. Im SE wird die Grenze des Thüringer Beckens durch die sogenannte Ostthüringische Schwelle bedingt. Diese Schwelle ist an den Schwarzburger Sattel sowie die Ziegenrücker Mulde geknüpft.

Die SE-Grenze des Thüringer Beckens wird teilweise (z. B. im höheren Zechstein) von einer flach erzgebirgisch verlaufenden Linie gebildet, die etwa dem heutigen Zechsteinausstrich zwischen Saalfeld und Gera folgt.

Zwischen der NW- und SE-Grenze des Thüringer Beckens liegt die sogenannte Thüringische Senke. Diese Thüringische Senke hat in der Regel ihre Tiefenlinie im Saaletrog. Die Ruhla-Kyffhäuser-Schwelle und die Saar-Selke-Zone treten nur untergeordnet in Erscheinung. Oft bildet die Ruhla-Kyffhäuser-Schwelle nur eine Vorstufe der Eichsfeldschwelle.

An herzynischen Linien treten der Thüringer Wald sowie seine nordöstliche Vorsenke und der Harz mit seiner südwestlichen Vorsenke mehr oder weniger stark in Erscheinung. Die herzynischen Elemente bewirken oft eine Heraushebung bzw. Versenkung der erzgebirgischen Elemente und die erzgebirgischen Elemente eine Heraushebung bzw. Versenkung der herzynischen Elemente. Zwischen Harz und dem SE-Rand des Thüringer Beckens geht die Thüringische Senke in der Regel ohne deutliche paläogeographische Grenze in das südöstliche Harzvorland über.

Die Faziesverteilung im Kalilager Staßfurt ist an einen Teil dieser Elemente gebunden. So tritt das große erzgebirgisch streichende Carnallititgebiet von Günthershall—Döllstädt—Markvippach—Rastenberg im Bereich des Saaletroges auf. Das herzynisch streichende Carnallititgebiet von Greußen—Ebeleben—Beberstedt ist an die Südharzvorsenke gebunden. An der Eichsfeldschwelle ist nur eine Einengung, aber keine Unterbrechung des Carnallititgebietes festzustellen. Es setzt sich bis zur Bohrung Holzerode nördlich von Göttingen fort. Die Verbreitung des Carnallititgebietes bei Bleicherode (s. a. E. STOLLE 1959, 1962) ist möglicherweise durch die Saar-Selke-Zone bedingt.

Im SE zeigt die Verbreitungsgrenze des Kalilagers eine Bindung an den NW-Hang der Ostthüringischen Schwelle und im SW an die sich dort heraushebende Thüringische Senke. Die Kyffhäuser-Schwelle engt das große erzgebirgische Carnallititgebiet ein. Der weitere Verlauf der südlichen Verbreitungsgrenze ist an den Südrand der Südharzvorsenke gebunden.

Im Norden wird der Verlauf der primären Verbreitungsgrenze von der Harzuntiefe bestimmt (s. a. E. STOLLE 1959, 1962, R. LANGBEIN 1961, G. SEIDEL 1961).

Parallel zur Verbreitungsgrenze verlaufen der südliche und nördliche Hartsalz- und Mischsalzsaum.

Der Hartsalz- und Mischsalzsaum sind an die gleichen paläogeographischen Elemente gebunden wie die Verbreitungsgrenze. Für die Verbreitung der Kalisalze werden von den meisten Autoren paläogeographische Faktoren angenommen. Der Hartsalz- sowie Mischsalzsaum sind an die Verbreitungsgrenze und damit an die gleichen paläogeographischen Elemente wie diese gebunden. Es liegt daher nahe, eine primäre Bildung von Carnallitit und Hartsalz anzunehmen. Carnallitit stellt demnach eine Bildung von stärker konzentrierten Laugen des Beckeninnern und Hartsalz von weniger konzentrierten Laugen am Beckenrand dar. Die Abscheidung von Staßfurtsteinsalz, unterem Hartsalzfuß, Carnallitit, oberem Hartsalzfuß und Decksteinsalz wird als eine zyklische Abfolge angesehen (s. G. RICHTER-BERNBURG 1955a).

Carnallitit kann seitlich von Hartsalz und Steinsalz vertreten werden. Weiter randlich wird das Steinsalz von Anhydrit und Ton durchsetzt. Der Ton stellt zweifellos eine Anschwemmung dar.

Gegen Ende des Zechsteins 2 haben die (durch erweiterte Frischwasserzuflüsse) verdünnten Laugen die bereits abgelagerten Kalisalze zum Teil umgewandelt. Solche Frischwasserzuflüsse nimmt R. LANGBEIN (1961) vor allem randlich an. Die frühdiagenetischen Vorgänge sind weitgehend an die Paläogeographie gebunden, so daß es kaum möglich ist, primäre und frühdiagenetische Prozesse zu unterscheiden.

Von verschiedenen Autoren werden die lokalen Vertaubungsinseln im Hartsalzsaum als sekundäre Bildungen angesehen. Aus anderen chemischen und klastischen Sedimenten sind jedoch auch linsenartige Einlagerungen eines anderen Sedimentes bekannt, die man nur durch unterschiedliche Sedimentation deutet.

So treten z. B. verarmte Hartsalzlinsen bis 8 km entfernt vom eigentlichen Hartsalzsaum im Steinsalz auf, die zweifellos primär durch unterschiedliche Laugenkonzentration entstanden sind. Weiterhin könnte man die Vertaubungsinseln im Hartsalz wesentlich einfacher durch die oben beschriebenen frühdiagenetischen Prozesse erklären als durch Erdölbegleit- oder Gipswässer.

Zahlreiche Autoren erklären die Faziesdifferenzierung durch Metamorphoselaugen, die während der saxonischen Tektonik mobilisiert worden sind.

Nach Verf. (SEIDEL 1963a) ergibt sich folgender Ablauf der tektonischen Bewegungen in der Thüringer Mulde (s. Abb. 2).

Zuerst erfolgte (wahrscheinlich in der jungkimmerischen Faltung) ein normalherzynischer Zerrungsakt. Dabei kam es zur Ausbildung der herzynischen Störungszonen als Zerrungsform und zur Aufgliederung des Thüringer Beckens in leistenartige Schollen, die mehr oder weniger gegeneinander verkippten. Zum Teil wurden durch diesen Zerrungsakt variszisch oder älter angelegte Störungszonen wieder belebt und pausten sich ins Deckgebirge durch.

Auf Grund des Einsinkens der Schichten senkrecht zur herzynischen Richtung entstanden Spannungen senkrecht zur erzgebirgischen Richtung. Diese verhältnismäßig geringen Spannungen belebten diejenigen alten erzgebirgischen Störungen des gefalteten Untergrundes, über denen nur ein geringmächtiges Deckgebirge abgelagert wurde. So entstanden die erzgebirgischen Ausweitungsformen im östlichen Thüringer Becken.

Durch den normalherzynischen Zerrungsakt wurde die saxonische Thüringische Mulde angelegt. Danach folgte ein normalerzgebirgischer Pressungsakt, der die erzgebirgischen Sättel und Mulden schuf.

Am Ende der Kreidezeit waren die Schichten des Thüringer Beckens in den subherzynischen Phasen einer normalherzynischen Pressung ausgesetzt.

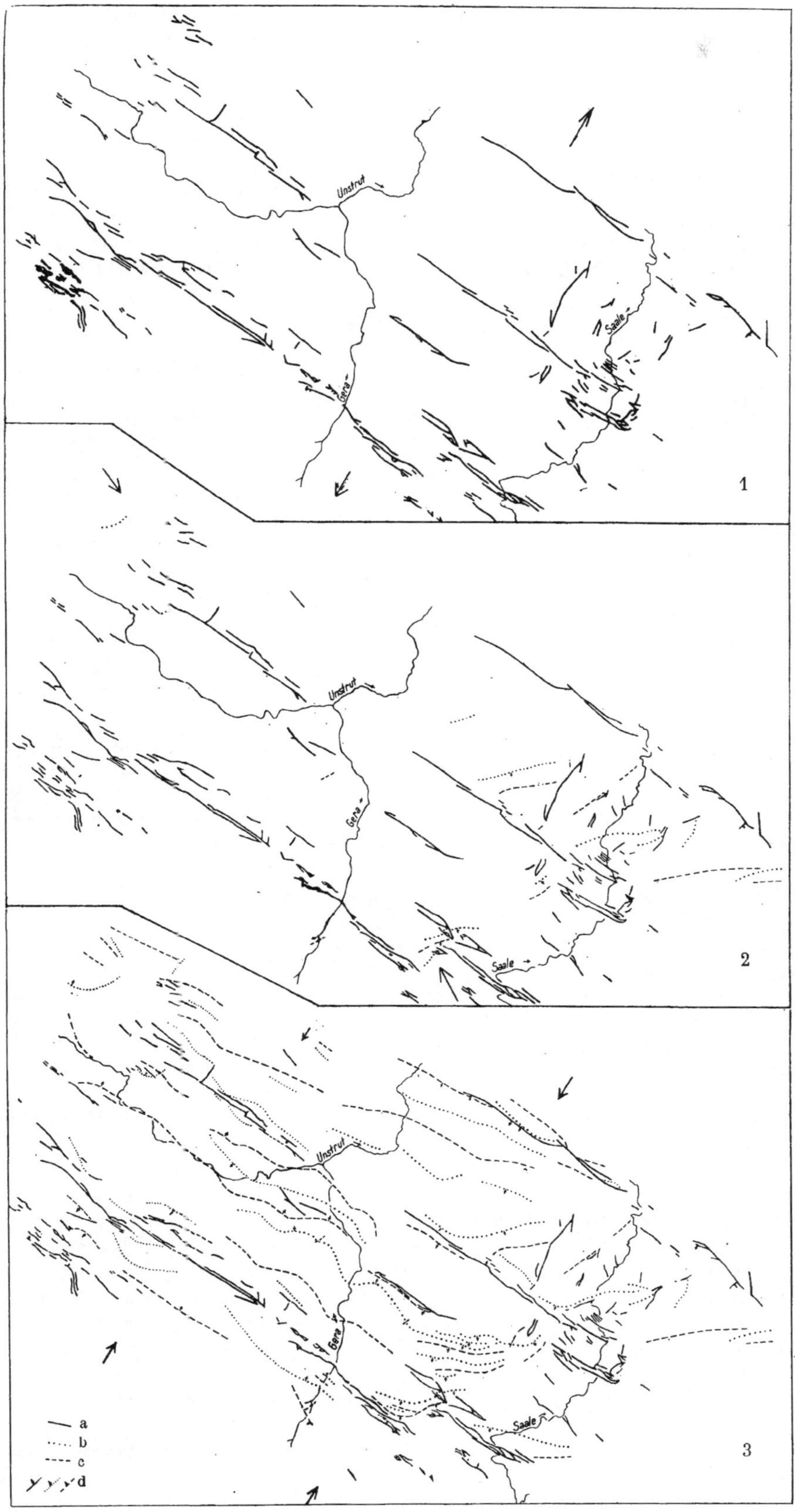

Abb. 2. Schematische Darstellung der Kräfte und Bewegungen im Thüringer Becken

1. tektonischer Akt: Zerrung in normalherzynischer Richtung und wahrscheinlich dadurch hervorgerufene Zerrung in normalerzgebirgischer Richtung; 2. tektonischer Akt: Pressung senkrecht zur flacherzgebirgischen Richtung; 3. tektonischer Akt: Pressung senkrecht zur herzynischen Richtung durch einen im westlichen Thüringer Becken gegen NE und einen im östlichen Thüringer Becken gegen SW gerichteten Schub; a — Verwerfung, nachgewiesen und vermutet; b — Sattelachse, c — Muldenachse, d — Vergenz von Überschiebungen, Sätteln und Mulden

Der normalherzynische Pressungsakt überprägte größtenteils die herzynischen Zerrungsformen und schuf die herzynischen Sättel und Mulden bzw. bewirkte einen Anbau an die erzgebirgischen Einengungsformen (s. a. Abb. 2).

Während der normalherzynische Zerrungsakt entscheidend für die Anlage der Thüringer Mulde war, fand durch den normalherzynischen Pressungsakt eine weitere Ausgestaltung statt. Die erzgebirgisch und rheinisch streichenden Zerrungs- und Pressungsformen treten an Zahl und Stärke weit hinter den erzgebirgischen zurück.

Die rheinischen Störungen des Ohmgebirges sind wahrscheinlich ebenfalls während der subherzynen Phase gebildet worden. Diese Abschiebungen schuf ein gesonderter Zerrungsakt.

Für die Klärung der Genese der Kalisalze wäre zu untersuchen, ob das Hartsalz an bestimmte tektonische Elemente gebunden ist. Da jedoch in der Paläogeographie und Tektonik des Thüringer Beckens herzynische und erzgebirgische Elemente vorherrschen, kann diese Frage nur bedingt beantwortet werden.

Im Gebiet der erzgebirgisch streichenden Sättel (vgl. Abb. 1 und 3) treten teils Carnallitit (Ostteil des Sprötauer Gewölbes), teils Hartsalz (Ostteil des Forstberg-Sattels) und teils Vertaubung (Ostteil des Ettersberg-Sattels) auf. Die Finnestörung verläuft ebenfalls ohne Einwirkung senkrecht durch alle Faziesgrenzen. Im Gebiet der Schlotheimer Störungszone tritt Hartsalz mit örtlichen Vertaubungen auf. Die Ilmtalstörungszone verläuft vorwiegend im Vertaubungsgebiet. Daraus kann man keinen Einfluß des nor-

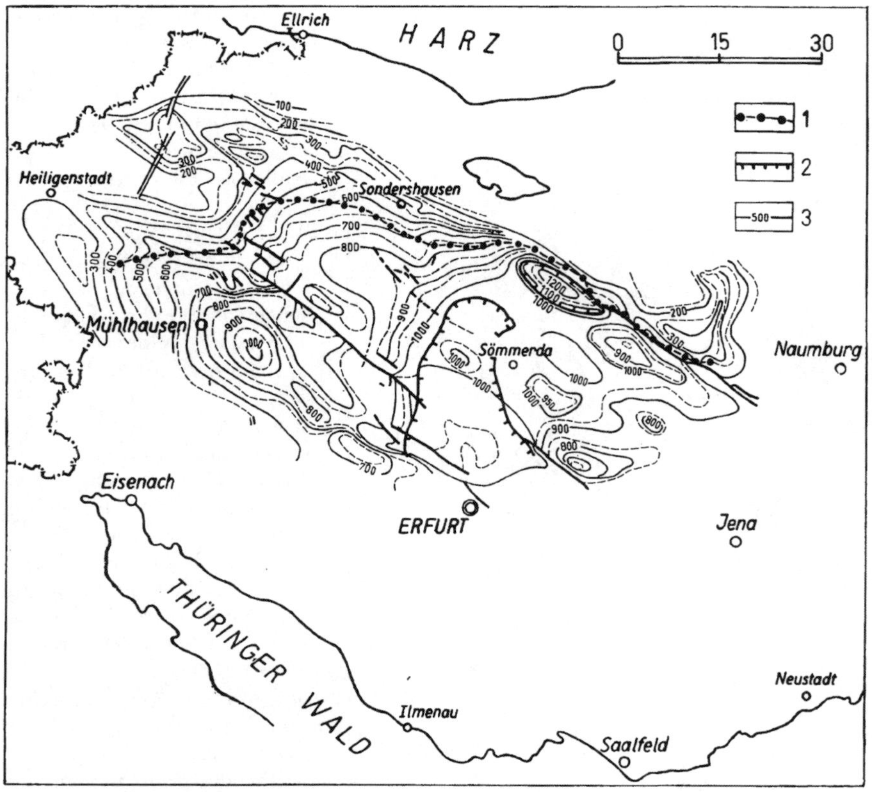

Abb. 3. Teufenlage des Kaliflözes Staßfurt im Thüringer Becken
1 – Teufenlage ca. 900 m u. G., 2 – Teufenlage ca. 1200 m u. G., 3 – Isohypsen Unterkante Grauer Salzton unter NN

malherzynischen Zerrungs- oder Pressungsaktes an den Störungszonen auf die Faziesdifferenzierung im Kalilager Staßfurt ablesen. Das gleiche gilt für die herzynisch streichenden Sättel sowie Mulden, die in allen Faziesbereichen auftreten und diese zum Teil durchkreuzen.

Auch die rheinisch streichende Ohmgebirgsgrabenzone verlief primär durch Vertaubung, Hartsalz, Mischsalz und Carnallitit.

In den Grubengebäuden treten am Übergang von Carnallitit zu Hartsalz oft Störungen auf. Man nimmt deshalb zum Teil an, daß an diesen Störungen die Metamorphosewässer bevorzugt zirkulierten und den primär abgeschiedenen Carnallitit in Hartsalz umgewandelt haben. Dieser Befund ist jedoch auch geomechanisch zu erklären, indem sich die tektonischen Spannungen bevorzugt an Faziesgrenzen entladen haben.

E. STOLLE (1957) konnte in den Grubengebäuden des Südharzkalireviers nachweisen, daß die Faziesdifferenzierung fast ausschließlich prätektonisch erfolgte.

Von verschiedenen Autoren werden die Mächtigkeiten einiger Horizonte für die Laugenmenge und Möglichkeit einer Laugenwanderung erörtert. So sollen von der Mächtigkeit des Staßfurtdolomites die Menge der Erdölbegleitwässer und die Stärke der Metamorphose des Carnallitits abhängen. Im geringmächtigen Stinkschiefergebiet müßten deshalb Carnallitit und im Hauptdolomitgebiet Hartsalz vorkommen. Über der Stinkschieferfazies kommt z. B. jedoch im Schacht Georg-Unstrut Hartsalz vor. Im Südharzgebiet tritt über dem hier sehr mächtigen Hauptdolomit flächenmäßig mindestens ebensoviel Carnallitit wie Hartsalz auf. Das gleiche trifft auch für die Übergangsfaziesgebiete Hauptdolomit—Stinkschiefer zu.

Weiterhin wird z. B. die Mächtigkeit des Werra- und Basalanhydrits für die vorhandene Laugenmenge und Stärke der Umwandlung verantwortlich gemacht. Das primär als Gips ausgefällte Sulfat soll während der saxonischen Bewegungen zu Anhydrit umgewandelt worden sein und die freiwerdenden Laugen abgegeben haben. Auf der Eichsfeldschwelle und bei Roßleben treten nur ein geringmächtiger Werra- und Basalanhydrit auf, und trotzdem ist neben Carnallitit auch Hartsalz entwickelt. Zwischen Nordhausen und Fahner Höhe zeigen der Werra- und Basalanhydrit sehr große Mächtigkeiten. Der Anhydritwall kreuzt sämtliche Faziesgrenzen und verläuft etwa zur Hälfte durch Carnallititgebiete.

A. BAAR (1960) macht die Mächtigkeit des Staßfurtsteinsalzes für die Möglichkeit einer Laugenwanderung aus dem Werraanhydrit, Hauptdolomit und bzw. oder Basalanhydrit verantwortlich für die Faziesdifferenzierung. Am Roßlebener Sattel tritt ein ca. 400—500 m mächtiges Staßfurtsteinsalz auf, und trotzdem ist dort auch Hartsalz entwickelt. Andererseits besitzt das Staßfurtsteinsalz auf der Eichsfeldschwelle sehr geringe Mächtigkeiten und zeigt neben Hartsalz- auch Carnallititentwicklung. Zum Teil wird auch die fehlende Schichtung im unteren Teil des Staßfurtsteinsalzes vom Südharzkalirevier als Beweis für die Laugenwanderung angesehen. Auf der Eichsfeldschwelle ist das ungeschichtete Steinsalz nicht entwickelt, obwohl darüber teilweise Hartsalz auftritt. Dieses ungeschichtete Steinsalz hat sich nach den neueren Bohrergebnissen als ein stratigraphischer Horizont erwiesen (G. SEIDEL 1961b). Es tritt auch auf, wenn darunter die bis 200 m mächtige, zum Teil geschichtete Anhydritregion entwickelt ist.

Wie aus den Erörterungen hervorgeht, haben diese Faktoren keinen Einfluß auf die Faziesdifferenzierung gehabt. Auch wenn man eine Kombination der obengenannten Faktoren als besonders günstige Konstellation zur Bildung von Hartsalz ansieht, kann man keine Gesetzmäßigkeiten in der Faziesverteilung feststellen.

Zwischen der Auslaugung und der großräumigen Faziesdifferenzierung lassen sich ebenfalls keine Gesetzmäßigkeiten erkennen. Wie aus Abb. 1 hervorgeht, schneidet die Auslaugungsgrenze sämtliche Faziestypen des Kalilagers Staßfurt.

Zusammenfassend ergibt sich, daß lediglich Zusammenhänge zwischen der Paläogeographie und Faziesdifferenzierung im Kalilager Staßfurt zu erkennen sind. Man muß daher für das Kalilager Staßfurt eine primäre bis frühdiagenetische Faziesdifferenzierung annehmen.

Zusammenfassung

Es wurden die Verbreitung und fazielle Ausbildung des Kalilagers Staßfurt auf Grund des derzeitigen Kenntnisstandes beschrieben. Die großräumige Faziesverteilung im Kalilager ist lediglich von der Paläogeographie und nicht von der Tektonik oder Auslaugung abhängig. Daraus ergibt sich eine primäre bis frühdiagenetische Faziesdifferenzierung im Kalilager Staßfurt des Thüringer Beckens.

Резюме

На основании современного уровня знания описываются распространение и фациальное развитие калийной залежи Штасфурт. Региональное распространение фаций калийной залежи зависит только от палеогеографии, а не от тектоники или от выщелачивания. Из этого следует первичная до раннедиагенетическая фациальная дифференциация калийной залежи Штасфурт Тюрингенского бассейна.

Summary

On the basis of the present status of knowledge a description is given of the distribution and facies of the potash deposit of Stassfurt. The large-area facies distribution in the deposit only depends on palaeogeographical and not tectonic or leaching conditions. The result is a primary up to early diagenetic facies distribution in the Stassfurt deposit of the Thuringian basin.

Literatur

BAAR, A.: Entstehung und Gesetzmäßigkeiten der Fazieswechsel im älteren Kalilager am westlichen Südharz unter besonderer Berücksichtigung des Kaliwerkes Bismarckshall. – Kali, 38/1944, S. 175–181, 189–197, 207–211; und **39**/1945, S. 3–6.
– Über die fazielle Entwicklung der Kalilagerstätte des Staßfurtflözes. – N. Jb. Geol. Paläont., Abh., **111**, 111–135, Stuttgart 1960.
BORCHERT, H.: Ozeane Salzlagerstätten. – Verlag Gebr. Borntraeger, Berlin 1959.
HOPPE, W.: Die Kali- und Steinsalzlagerstätten des Zechsteins in der DDR, Teil 1: Das Werra-Gebiet. – Freiberger Forsch.-H.. C 97, 1–166, Berlin 1960.
JUNG, W.: Zur stratigraphischen Stellung des Sangerhäuser Anhydrits (Zechstein 2). – Z. angew. Geol., **4**, 8, 377–378, Berlin 1958.
LANGBEIN, R.: Untersuchungen an Salztonen des Zechstein im Südharz-Kalirevier. – Diss., Jena 1961 (Manuskript, erscheint in Chemie der Erde, Bd. 23).
LÖFFLER, J.: Primäre Sedimentationsunterschiede im Zechstein 2 und 3. – Geologie, **9**, 768–777, Berlin 1960.
RICHTER, G.: Zur vergleichenden Stratigraphie des Zechsteins in Mitteldeutschland. – Kali, **35**, 12, S. 194, 1941; und **36**, 1, S. 4, Halle 1942.
RICHTER-BERNBURG, G.: Über salinare Sedimentation. – Z. deutsch. geol. Ges., **105**, 593–645, Hannover 1955 (a).
– Stratigraphische Gliederung des deutschen Zechsteins. – Z. deutsch. geol. Ges., **105**, 843–854, Hannover 1955 (b).
SEIDEL, G.: Zur Kalierkundung im Thüringer Becken. – Z. angew. Geol., **7**, 178–181, Berlin 1961 (a).
– Zur Stratigraphie des Zechsteins und Buntsandsteins im Südharz-Kalirevier. – Geologie, **10**, 952–972, Berlin 1961 (b).
– Zur geologischen Entwicklungsgeschichte des Thüringer Beckens. – Unveröff. Manuskript, VEB Geol. Erkundung West, BA Jena, 1963 (a).
– Zur Endlaugenversenkung im Südharzkalirevier. – Akten des VEB Geol. Erkundung West, BA Jena, 1963 (b) (unveröff.).
STOLLE, E.: Disharmonische Abscherungsbewegungen der Hangendschichten des Kalilagers Staßfurt im Südharz-Kalirevier. – Dissertation, Jena 1957.
– Die Entstehung der Kalisalzlagerstätten unter besonderer Berücksichtigung des Südharzgebietes. – Vortrag geol. Ges. DDR, Sektion Jena, November 1959.
– Zur Faziesdifferenzierung im Südharz-Kalirevier. – Ber. geol. Ges. DDR, **6**, 266–287, Berlin 1962 (a).
– Zur stratigraphischen Gliederung des Kaliflözes Staßfurt im Südharz-Gebiet. – Werksakten Bleicherode 1962 (b).
– Zur Hartsalzerkundung im Kalisalzlager Staßfurt unter besonderer Berücksichtigung des Südharzgebietes. – Z. angew. Geol., **9**, 3–14, Berlin 1963.
TINNES, A.: Die ältere Salzfolge Mitteldeutschlands unter besonderer Berücksichtigung des Unstrutgebietes. – Archiv Lagerstättenforsch., H. 38, Berlin 1928.

Neue hydrochemische und hydrogeologische Untersuchungen in erdöl- und erdgasführenden Gebieten[1])

E. A. BARS, Moskau

Die Bedeutung des hydrogeologischen Faktors bei der Bildung, Erhaltung und Zerstörung von Erdöl- und Erdgaslagerstätten wird heute allgemein anerkannt.

Das Studium der Bewegungsbedingungen der Wässer und die Erkenntnis von gesetzmäßigen Veränderungen ihrer chemischen Zusammensetzung (Salz- und Gasgehalt), sowohl im stratigraphischen Profil als auch innerhalb einer Schicht, gehören heute als selbständiger Teil mit zum Komplex der Such- und Erkundungsarbeiten in jedem beliebigen geologischen Gebiet. Die Untersuchungsergebnisse werden in Mineralisationskarten, in Karten gleicher piezometrischer Niveaus, in Karten hydrochemischer Zonalität und in Form unterschiedlicher hydrogeologischer Profile dargestellt. Als Grundlage für solche Karten und Profile dienen Strukturkarten, tektonische Schemata, lithologofazielle Karten und andere geologische Unterlagen.

In den letzten Jahren wurden auf dem Gebiet der Hydrochemie und Hydrogeologie der erdöl- und erdgasführenden Gebiete mehrere neue Arbeitsrichtungen eingeschlagen, die wesentlich zur Erweiterung unserer Vorstellungen über die Rolle der Tiefenwässer für die Erhaltung der Erdöllagerstätten beigetragen haben.

[1]) Als Vortrag gehalten auf dem Berg- u. Hüttenmännischen Tag, Freiberg (Sa.) 1963.

Eingang des Manuskripts in der Redaktion: 3. 1. 1964

Als eine solche neue Richtung in der Hydrochemie gilt die Untersuchung des Gehalts und der Zusammensetzung der im Wasser gelösten organischen Stoffe. Es handelt sich dabei um eine der weniger intensiv erforschten Komponenten des Wassers; aber gerade die organischen Stoffe haben eine direkte Beziehung zur stofflichen Zusammensetzung des Erdöls.

In der Hydrogeologie der erdöl- und erdgasführenden Gebiete zeichnen sich zwei neue Arbeitsrichtungen ab:

1. Die regional-hydrogeologische Untersuchung großer artesischer Becken, in denen Erdöl- und Erdgasakkumulationen nachgewiesen wurden. Solche Becken sind in der Erdölgeologie unter dem Begriff „erdöl- und erdgasführendes Becken" bekannt. Die Erdöl- und Erdgasführung beschränkt sich nur auf die inneren Teile des artesischen Beckens. Die Tiefenwässer dieses Beckenteils sind durch ein besonderes Redoxpotential und durch weitgehende Stagnation gekennzeichnet. Diese Faktoren bedingen auch die spezifische chemische Zusammensetzung der Wässer in den beckentiefsten Teilen gegenüber den Tiefenwässern in anderen Teilen oder Zonen ein und desselben artesischen Beckens.

2. Die paläohydrogeologische Analyse in den erdöl- und erdgasführenden Gebieten. Mit dieser Methode ist es möglich, die Strömungsverhältnisse und Entlastungsgebiete der Tiefenwässer während der verschiedenen Etappen der geologischen Entwicklungsgeschichte und damit die Bedingungen für eine Erdöl- und Erdgasakkumulation zu rekonstruieren.

Die Bedeutung der Untersuchung der in den Tiefenwässern gelösten organischen Stoffe für die Erdölsuche und -erkundung

Schon seit Ende des vergangenen Jahrhunderts ist das Vorkommen von gelösten organischen Säuren in Tiefenwässern bekannt. Diese Säuren bezeichnete man als Naphthensäuren, und ihre Bestimmung ist für den Geologen nichts Außergewöhnliches. Jedoch in den 30er Jahren unseres Jahrhunderts wurde es offensichtlich, daß die Bezeichnung nur bedingt richtig ist; denn in Wirklichkeit stellen diese früher als Naphthensäuren bezeichneten Produkte ein kompliziertes Gemisch verschiedener organischer Verbindungen dar. Daraus ergibt sich die Schlußfolgerung, daß die damals angewandten Analyseverfahren zur Bestimmung von Naphthensäuren nicht exakt sein konnten und ein Vergleich der damals erhaltenen Werte mit heutigen nicht möglich ist.

Ungefähr in der Mitte der 50er Jahre wuchs das Interesse, die Bedeutung der in den Tiefenwässern gelösten organischen Stoffe näher zu untersuchen. Jetzt gibt es schon eine Reihe von Veröffentlichungen und darunter sogar Bücher, die sich mit der Untersuchung dieser Komponente im Wasser befassen, in denen die Analysenmethoden und die Interpretation der bisher vorliegenden Untersuchungsergebnisse beschrieben werden.

Weiterhin wird in diesen Arbeiten die Bedeutung der Untersuchung der in den Tiefenwässern gelösten organischen Stoffe für die Klärung einiger theoretischer Fragen der Erdölgeologie unterstrichen. Dazu gehören solche wichtigen Probleme wie die Erdölgenese, die Klärung der Bildungsbedingungen von Erdöl- und Erdgaslagerstätten sowie der Beziehungen zu den direkten Erdöl- und Erdgasanzeichen, die für die Erdölsuche bedeutungsvoll sein können.

Die Bedeutung des Studiums der in den Tiefenwässern gelösten organischen Stoffe wird auch von einigen ausländischen Forschern hervorgehoben, so z. B. erklärt BAKER (USA) die Bildung der Erdöl- und Erdgaslagerstätten mit Hilfe organischer Kolloide in den Tiefenwässern, die die Erdölkohlenwasserstoffe transportieren.

Bestimmung und Bedeutung der einzelnen Komponenten der in den Tiefenwässern gelösten organischen Stoffe

Gewöhnlich wird die elementare Zusammensetzung der in den Tiefenwässern gelösten organischen Stoffe, d. h. der Gehalt an organischem Kohlenstoff und organischem Stickstoff, bestimmt. Ferner untersucht man das Ausgangsprodukt auf seinen Gehalt an Naphthensäuren, Phenolen, Fettsäuren, Aminosäuren, Kohlenwasserstoffen, Sulfosäuren und anderen Verbindungsgruppen. Von Bedeutung sind auch solche Komponenten der Gruppenzusammensetzung wie die neutralen und sauren Harze. Als wichtiges zusammenfassendes Kriterium für die Bestimmung der Zusammensetzung der in den Tiefenwässern gelösten organischen Stoffe muß die Bestimmung der Oxydationsfähigkeit der organischen Stoffe bei Verwendung unterschiedlicher Oxydationsmittel angesehen werden.

Jeder Forscher wählt selbst die anzuwendende Analysenmethode und die zu bestimmenden Kriterien aus, d. h. eine oder mehrere der obenangeführten Komponenten.

Eine einheitliche Methodik wurde bisher noch nicht ausgearbeitet; denn die Untersuchungen auf diesem Gebiet werden erst seit kurzer Zeit systematisch durchgeführt, so daß die vorliegenden Ergebnisse noch nicht zu allgemeinen Schlußfolgerungen berechtigen. Trotz dieser Einschränkung ist es aber möglich, aus den Ergebnissen bereits abgeschlossener Forschungsarbeiten auszusagen, daß im Maße der Annäherung an die Erdöllagerstätte der Gehalt an organischen Stoffen in den Tiefenwässern zunimmt, was durch die Erhöhung des Gehalts an organischem Kohlenstoff, an neutralen Kohlenwasserstoffen und an Naphthensäuren bewiesen werden kann. Es konnte nachgewiesen werden, daß die organischen Stoffe in den Tiefenwässern sehr kompliziert aufgebaut sind und sich unter anderem aus folgenden Bestandteilen zusammensetzen: verschiedenen organischen Säuren, organischen Basen, neutralen Kohlenwasserstoffen, Stoffen humoser Herkunft, Phenolen. Die Zusammensetzung der in den Tiefenwässern gelösten organischen Stoffe ist abhängig vom Typ der Wässer, d. h. vom Gehalt der in den Wässern gelösten mineralischen Salze, von der Zusammensetzung der Öle und Gase, mit denen die Wässer in Berührung kamen, von der Temperatur der Wässer, von ihrer Gassättigung sowie von anderen Faktoren. Abgesehen von der komplizierten Zusammensetzung der in den Tiefenwässern gelösten organischen Stoffe und der Vielfalt der Faktoren, die diese bedingen, wird die Untersuchung dadurch erschwert, daß die organischen Stoffe in sehr kleinen Mengen in den Wässern enthalten sind (in der Größenordnung von einigen Zehnern Milligramm pro Liter) und die in großen Mengen in den Wässern gelösten mineralischen Salze, vor allem Chloride, störend bei der Analyse wirken.

Deshalb empfiehlt es sich, die organischen Stoffe aus den Wässern mit Hilfe von Lösungs- und Adsorptionsmitteln oder durch Erhitzen mit Wasserdampf zu Beginn der Analyse abzuscheiden. Erst danach ist es möglich, die Untersuchung nach verschiedenen Verfahren fortzusetzen. Auf die Abscheidemethodik und auf den weiteren Verlauf der Analyse der organischen Stoffe werde ich nicht weiter eingehen, da es darüber eine Reihe von Veröffentlichungen gibt. Ich werde nur etwas näher die Kriterien erläutern, die man im Moskauer Institut für Geologie und Brennstoffgewinnung für die

Tabelle 1. Mengenvergleich der in den Schichtwässern gelösten organischen Stoffe einiger Erdöllagerstätten, dargestellt durch die Verhältnisse $\frac{O_{2\,Jod}}{O_{2\,Perm}}$ und $\frac{O_{2\,Jod}}{C_{org}}$

Lagerstätten	wasserführender Horizont	$\frac{O_{2\,Jod}}{O_{2\,Perm}}$	$\frac{O_{2\,Jod}}{C_{org}}$
Uchta, Omra (Gas, Komi, ASSR)	Devon, Schicht 1v	15,74	20,00
Kasankowka (Baschkirien)	Artinsk-Stufe	11,18	3,70
Kinsebulatowo (Baschkirien)	Artinsk-Stufe	22,25	4,55
Anastasiewsko-Troickoje (Gas, Krasnodarer Region)	Pont I	26,45	25,00
Anastasiewsko-Troickoje	Pont III	14,12	14,30
Anastasiewsko-Troickoje	Mäot IV	2,40	3,44
Anastasiewsko-Troickoje	Mäot VI	4,40	4,00
Ocha (Sachalin)	Tertiär, 12. Unterhorizont, Abbaublock XI	20,00	4,76
Ocha (Sachalin)	Tertiär, 7. U.-Horizont, Abbaublock XI	8,19	5,55
Nebit-Dag (Westturkmenien)	Unt. Abt. der pliozänen Rotfolge	3,40	3,57
Nebit-Dag (Westturkmenien)	Unt. Abt. der pliozänen Rotfolge	5,00	4,35
Tscheleken (Westturkmenien)	Unt. Abt. der pliozänen Rotfolge	3,60	4,54

Tabelle 2. Phenolgehalte in wäßrigen Auszügen aus Erdölen des Kubangebiets, Torf und Braunkohlen

Lagerstätten	Horizont	Dichte Erdöl g/cm³	Harz %	Phenole mg/l
Cholmsk	Kumsk (Eoz.)	0,943	28,0	Spuren
Zybsa-Glubokij Jar (Scheitel u. Südflanke)	Kumsk	0,947	43,5	Spuren
Zybsa-Glubokij Jar (abgesenkte Nordflanke)	Kumsk	0,860	20,0	2,00
Wostotschno-Sewersk	Kumsk	0,823	15,0	4,10
Nowo-Dimitrii	Kumsk	0,829	15,0	4,00
Nowo-Dimitrii	Kumsk	0,825	12,5	6,70
Nowo-Dimitrii	Maikop I	0,807	6,0	8,20
Torf aus Redkino (Gebiet Kalinin)	–	–	–	0,16
Braunkohle von Bogoslowo (Moskauer Gebiet)	3. Unt.-Horiz. C-Folge	–	–	0,06

Untersuchung als erdöl- und erdgasanzeigende Indikatoren ausgewählt hat. In der ersten Zeit wurden von den Mitarbeitern des Instituts folgende Kriterien auf ihre Verwendung als Indikatoren untersucht: organischer Kohlenstoffgehalt (C_{org}), Gehalt an organischem Stickstoff, getrennt nach stabiler und mobiler Form (N_{org}), Oxydationsfähigkeit der organischen Stoffe mit Permanganat $O_{Permanganat}$[2]), Oxydationsfähigkeit der organischen Stoffe mit Perjodsäure oder Kaliumjodat O_{Jod}[3]) sowie die Verhältnisse dieser Komponenten untereinander:

$$\frac{C_{org}}{N_{org}};\ \frac{O_{Jod}}{O_{Permanganat}};\ \frac{O_{Jod}}{C_{org}};\ \frac{N_{stabil}}{N_{mobil}}$$

Mittels solcher Kriterien läßt sich die qualitative und quantitative Zusammensetzung der in den Tiefenwässern gelösten organischen Stoffe in ihrer Gesamtheit charakterisieren (Tab. 1). Im einzelnen kann man durch die Bestimmung des Verhältnisses O_{Jod} zu $O_{Permanganat}$ und der Beziehung O_{Jod} zu C_{org} das Vorhandensein oder Fehlen stark reduzierter Verbindungen in den Wässern nachweisen. Stark reduzierte Verbindungen lassen sich nur durch starke Oxydationsmittel, wie es z. B. Kaliumjodat ist, oxydieren. Zur weiteren Vervollkommnung der Untersuchungsmethodik der in Wässern gelösten organischen Stoffe zog man später als neue Kriterien noch den Gehalt an Naphthensäuren und Phenolen hinzu, für deren Bestimmung neue empfindlichere Analysenverfahren ausgearbeitet werden mußten. Aus den jeweiligen Verhältnisgrößen der einzelnen Kriterien untereinander, wie sie weiter oben angeführt wurden und wie sie in wäßrigen Auszügen aus Erdölen verschiedenen Alters, aus Torf und Braunkohle bestimmt worden sind, läßt sich die Schlußfolgerung ableiten, daß aus dem Erdöl bedeutend mehr reduzierte organische Stoffe in das Wasser gelangen als aus Torf und Braunkohle. Dafür sprechen die Untersuchungsergebnisse von mehr als 700 Wasserproben verschiedener Erdöl- und Erdgaslagerstätten der UdSSR. Trotz der verschiedenartigen Zusammensetzung der Erdöle und Wässer und ungeachtet des unterschiedlichen Alters der Speichergesteine in den untersuchten Lagerstätten zeichneten sich die ausgewählten Kriterien für die Auszüge aus Erdölen durch höhere Werte gegenüber denen aus Torf und Braunkohle deutlich ab (Tab. 2). Als ein besonders günstiges Kriterium für Erdöllagerstätten erwies sich das Verhältnis von O_{Jod} zu C_{org}, da alle gemessenen Werte im Bereich von 3,5 bis 6,0 liegen und sich hinreichend von den Werten der Wässer aus Gaslagerstätten, die durch die Größenordnung 15—20 charakterisiert werden, unterscheiden.

Als Beispiel dazu sei die sprunghafte Veränderung der Größe solcher Kriterien im stratigraphischen Profil einer Lagerstätte im Kuban-Gebiet angeführt. In Tab. 1 wird dies durch die Werte für Gasvorkommen aus pontischen und für Erdöl aus mäotischen Ablagerungen sehr anschaulich illustriert.

Die Erdöl- und Erdgaslagerstätten des Kubangebietes sind aus den Ablagerungen des Tertiärs und der Kreide bekannt. Dort erwies sich der Stickstoffgehalt der in den Tiefenwässern gelösten organischen Stoffe als ein interessantes Kriterium. Der Gehalt an organischem Stickstoff in den Wässern steigt bei gleichzeitiger Verringerung der Dichte und des Harzgehaltes der Öle an und ist dem Gehalt an organischem Kohlenstoff umgekehrt proportional (Tab. 3). Ein solcher Zusammenhang gestattet es, Voraussagen über den Charakter der anzutreffenden Öle zu machen. Man kann damit feststellen, ob es sich um leichte oder schwere Öle handeln wird.

Es konnte ferner beobachtet werden, daß sich im Maß der Annäherung an die Erdöl- oder Erdgaskontur einer Lagerstätte sowohl der Gehalt der in den Tiefenwässern gelösten organischen Stoffe als auch die Größe des Verhältnisses von O_{Jod} zu $O_{Permanganat}$ erhöhen.

Für das Kubangebiet kann auch der Gehalt an Phenolen in den Wässern als ein weiteres Kriterium betrachtet werden. Durch die Untersuchung wäßriger Auszüge aus Rohölen konnte nachgewiesen werden, daß die Wässer stark mit Phenolen angereichert sind. Interessant ist dabei vor allem, daß ebenso wie beim Stickstoff eine Abhängigkeit zur Dichte und zum Harzgehalt der Erdöle besteht. Mit steigendem Phenolgehalt neh-

Tabelle 3. Vergleich der Gehalte an organischem Stickstoff in den Schichtwässern mehrerer Horizonte einiger Erdöllagerstätten des Kubangebiets

Lagerstätten	N_{org} mg/l	Dichte Erdöl	Harze %	C:N	Anmerkung
a) Wässer des Kumsk-Horizonts (Eozän)					
Zybsa-Glubokij Jar	0,287	0,947	43,5	100,52	Sohlenwasser
Zybsa-Glubokij Jar	0,700	0,860	20,0	19,00	Sohlenwasser
Nowo-Dimitrii	0,742	0,827	17,5	24,90	Sohlenwasser
Wostotschno-Sewersk	0,259	0,875	26,0	15,29	Randwasser
Nowo-Dimitrii	0,350	0,829	17,0	15,08	Randwasser
b) Wässer des I. Maikop-Horizonts (Oligozän)					
Asfaltowaja Gora (Asphaltberg)	0,182	0,846	17,0	19,12	Sohlenwasser
Schirokaja Balka (Breite Schlucht)	0,210	0,842	14,5	30,29	Sohlenwasser
Dysch	0,546	0,817	3,5	28,58	Sohlenwasser
Dysch	0,368	0,817	3,5	38,47	Randwasser
c) Wässer des II. Maikop-Horizonts (Oligozän)					
Nowo-Dimitrii	0,816	0,832	16,0	15,07	Randwasser
Dysch	1,036	0,821	2,9	9,65	Randwasser

[2]) + [3]) O = Oxydationsfähigkeit in Milligramm O_2 pro Liter

Tabelle 4. Phenolgehalte in den Wässern der Erdöllagerstätten des Kubangebiets

Lagerstätten	Horizont	Dichte g/cm²	Phenole mg/l
Georgie-Afipsk	Sarmat	Gas	0,125
Dysch	Maikop I	0,817	13,33
Kljutsch	Maikop I	0,825	11,63
Nowo-Dimitrii	Maikop II	0,832	14,00
Wostotschno-Sewersk	Eozän (Kumsk-H.)	0,875	1,36

men Dichte und Harzgehalt des Öls ab (Tab. 3 u. 4). Untersuchungen direkter Lagerstättenwässer aus Erdöllagerstätten zeigten, daß bedeutende Phenolkonzentrationen (bis zu 14 Milligramm pro Liter) auftreten können, die besonders an Wässer von Leichtöl- und Kondensatlagerstätten gebunden sind (Tab. 4). Die Wässer des Kubangebiets sind schwach mineralisiert und gehören zum Hydrokarbonat-Typ (nach SULIN).

In den stark mineralisierten Wässern vom Chlorkalzium-Typ (nach SULIN) aus den paläozoischen Schichten des Wolga-Ural-Gebiets ist der Gehalt an organischen Stoffen bedeutend niedriger als in den Wässern des Kubangebietes. Ebenso unterscheiden sich die Wässer sowohl in ihrer quantitativen als auch qualitativen Zusammensetzung. Im Wolga-Ural-Gebiet sind die in den Wässern gelösten organischen Stoffe nicht sauer wie im Kubangebiet, sondern neutral oder basisch. Das Vorkommen bestimmter Verbindungsgruppen ist sehr stark vom unterschiedlichen Mineralisationsgrad der Wässer abhängig und läßt sich durch die unterschiedliche Lösungsfähigkeit der einzelnen Verbindungsgruppen unter den gegebenen Bedingungen erklären.

Mit dem Ansteigen des Mineralisationsgrads und der Temperatur der Wässer im Bereich von Erdöllagerstätten erhöht sich auch der Gehalt stark reduzierter stabiler Stickstoffverbindungen in den Tiefenwässern. Die unbeständigen Stickstoffverbindungen sind für die kälteren Wässer, d. h. für Wässer mit Temperaturen unter 50°C, und für die Wässer der Gaslagerstätten von Bedeutung. Auch für das Wolga-Ural-Gebiet bestätigte sich die Schlußfolgerung, daß die Menge der in den Tiefenwässern gelösten organischen Stoffe im Maß der Annäherung an die Erdöl- oder Erdgaskontur einer Lagerstätte ansteigt (Tab. 3).

Bisher sprachen wir nur über die Untersuchung von Tiefenwässern in bereits bekannten erdöl- und erdgasführenden Gebieten. Von uns wurden aber auch solche Untersuchungen an mesozoischen Wässern des zentralen Teils der Westsibirischen Tiefebene durchgeführt. Dort waren bis vor kurzem noch keine Erdöllagerstätten bekannt. Daher war es für uns besonders interessant, die Anwendungsmöglichkeiten und Aussagekraft der von uns gewählten und untersuchten Kriterien für die Erdölsuche in einem bisher noch wenig erdölgeologisch untersuchten Gebiet zu überprüfen. Es wurden die Wässer aus drei wichtigen wasserführenden Schichtenfolgen des Juras, des Valendis und aus dem Apt—Cenoman untersucht und Karten und Profile zusammengestellt, denen solche Kriterien wie der Gehalt an organischem Kohlenstoff, die Oxydationsfähigkeit mit Perjodsäure oder Kaliumjodat und der Phenolgehalt zugrunde liegen. Durch diese Untersuchungen konnte einerseits festgestellt werden, daß sich reduzierte organische Stoffe und vor allem die Phenole in den Wässern aus Jura und Valendis anreichern und die Zusammensetzung der organischen Stoffe der Wässer aus dem Jura im wesentlichen nicht von der der Valendiswässer abweicht. Andererseits läßt sich eine deutliche Abnahme der Konzentration der organischen Stoffe und auch eine unterschiedliche qualitative Zusammensetzung der Wässer des Apt—Cenoman gegenüber denen aus Jura und Valendis beobachten. Die Zusammensetzung der organischen Stoffe in den Apt—Cenoman-Wässern ist dem chemischen Aufbau von Humusverbindungen sehr nahe. Weiterhin zeigen diese Untersuchungen eine nicht gleichmäßige Verteilung der ermittelten Werte für die einzelnen Kriterien in jeder Schichtenfolge, sondern diese Werte nehmen innerhalb der Schichtenfolgen in einer ganz bestimmten Richtung zu. Eine solche Zunahme ist auch deutlich auf den von uns zusammengestellten Karten zu sehen (Abb.).

Es soll hierbei erwähnt werden, daß schon acht Monate nach Abschluß der Forschungsarbeiten in dem obengenannten Gebiet die Erdöllagerstätte Megion entdeckt worden ist. Auch im Kubangebiet haben sich einige Voraussagen bestätigt.

Zur Vervollkommnung dieser Suchmethodik wurden auch noch andere Kriterien mit in die Untersuchung einbezogen, die sich aus der chemischen Zusammensetzung der in den Tiefenwässern gelösten organischen Stoffe ableiten lassen. Als ein solches neues Kriterium kann man das Verhältnis der Oxydationsfähigkeit der mit Chloroform extrahierten Stoffe zur Oxydationsfähigkeit der mit Aktivkohle adsorbierten Stoffe (Eluate) verwenden. Dieses Verhältnis ist in Wässern, die aus der Nähe von Erdöllagerstätten stammen, um eine Größenordnung höher als in jenen Wässern aus unproduktiven Schichten (Tab. 5 u. 6).

Weitere Kriterien möchte ich nicht mehr besprechen, doch es sei hinzugefügt, daß man in jedem geologisch zu untersuchenden Gebiet außer den grundlegenden Kriterien, die sich aus dem Vorkommen gelöster organischer Stoffe in den Tiefenwässern ergeben, noch andere ergänzende Kriterien in die Untersuchung einbeziehen kann, die durch die geologischen und hydrogeologischen Eigenheiten eines jeden Gebiets bestimmt werden. Die bisher durchgeführten Forschungsarbeiten erlauben es, die Schlußfolgerung zu ziehen, daß heute schon ausreichende Kenntnisse über die Mengen und die qualitativen Eigenschaften der in den Tiefenwässern gelösten organischen Stoffe in erdöl- und erdgasführenden Gebieten vorhanden sind, so daß sich diese Wässer eindeutig von jenen nichthöffiger Gebiete unterscheiden lassen. Diese Kriterien, wie sie bisher diskutiert wurden, kann man schon jetzt in der Erdölsuche gemeinsam mit anderen

Abb. Karte der Veränderung des Gehalts an organischem Kohlenstoff für die erste wasserführende Schichtenfolge (Unterer Jura) in der Westsibirischen Tiefebene

1 — paläozoische Umrahmung, 2—5 — Gehalt an org. Kohlenstoff; 2 — $C_{org} = 1-2$ mg/l; 3 — $C_{org} = 2-3$ mg/l; 4 — $C_{org} = 3-5$ mg/l; 5 — $C_{org} = 5 - > 20$ mg/l

Tabelle 5. Angaben über die Oxydationsfähigkeit mit Kaliumjodat der Eluate organischer Stoffe aus dem Bereich fester Kaustobiolithe, die in Wässern enthalten sind

Ort der Probenahme	Entnahmeteufe m	Oxydationsfähigkeit mit Kaliumjodat: Chloroform $O_2\frac{Chl}{Jod}$	Aktivkohle $O_2\frac{Kohle}{Jod}$	$O_2\frac{Chl}{Jod}$ / $O_2\frac{Kohle}{Jod}$	$\sum r$ mval/l
Torf aus Redkino (Gebiet Kalinin), das Filtrat von 200 g Torf in 800 ml destilliertem Wasser nach einmonatiger Behandlung wurde untersucht	–	27,90	79,85	0,35	–
Meerwasser, 1 km vom Strand von Anapa entfernt (Schwarzmeerküste)	–	0,67	0,17	0,08	–
Erkundungsgebiet von Schelkow (Moskauer Gebiet)	916–926	1,75	16,58	0,15	–
Erkundungsgebiet von Schelkow (Moskauer Gebiet)	916–923	2,44	6,33	0,39	–
Erkundungsgebiet von Kaluga (Moskauer Gebiet), Sandstein von Gdow	915–920	18,91	22,39	0,84*	1006,94
Kaluga, Sdst. von Gdow	828–829	9,13	12,34	0,74*	851,38
Kaluga, Sdst. von Gdow	1146–1158	3,37	4,18	0,81*	4309,76
Kaluga, Sdst. von Gdow	917–927	4,58	14,41	0,32	2165,02
Erkundungsgebiet von Gorki, Devon (D_3)	780–783	14,34	34,81	0,41	3443,32
Gorki, Devon (D_3)	660–670	3,03	17,64	0,17	3204,88
Medwesche osero (Bärensee), Sachalin	–	2,90	4,56	0,64	Cl= 0,4
Gorjatsche Kljutschi (Heiße Quellen), Sachalin	–	4,50	7,35	0,61	Cl= 231,2

* Bei der Extraktion des organischen Stoffs aus dem Wasser mittels Chloroform wurde erwärmtes Chloroform verwendet.

geologischen und geochemischen Indikatoren benutzen. Die zukünftigen Arbeiten zielen auf eine Erweiterung der Anzahl solcher Kriterien ab, vor allem auf die Isolierung individueller Verbindungen, die sich durch besonders markante Eigenschaften als Indikatoren eignen. Solche Verbindungen lassen sich aber nur mit Hilfe empfindlicher physikalischer und physikochemischer Methoden nachweisen, z. B. mittels spektroskopischer Untersuchungen im infraroten und ultravioletten Bereich sowie durch Anwendung gaschromatographischer, radiospektroskopischer und anderer Analysenverfahren.

Zweifellos haben die vorliegenden Forschungsergebnisse nicht nur für die Erdölsuche Bedeutung, sondern können auch zur Klärung theoretischer Probleme in der Erdölgeologie beitragen. Dazu gehören in erster Linie alle Fragen, die mit der Erdölgenese und mit der Bildung der Erdöl- und Erdgaslagerstätten zusammenhängen.

Hydrogeologische Untersuchungen in erdöl- und erdgasführenden Becken

Wie schon eingangs erwähnt, werden solche Untersuchungen in Gebieten mit bekannten oder möglichen Erdöl- und Erdgasakkumulationen durchgeführt, d. h. in Gebieten, die sich durch ein natürliches, meist artesisches, Wasserdrucksystem auszeichnen. In hydrogeologischer Hinsicht stellt das erdöl- und erdgasführende Becken jenen Teil eines artesischen Beckens dar, in dem ein intensiver Wasseraustausch fehlt und die Wässer gespannt sind. Solche Wässer zeigen im allgemeinen einen höheren Mineralisationsgrad und gehören mit zu jenen Wässern, die für ein reduzierendes Milieu typisch sind, d. h., sie sind sauerstoff- und sulfatarm bis -frei, können manchmal schwefelwasserstoffhaltig sein und sind mit Alkalichloriden, Erdalkalien, Jod, Ammoniak, Brom und manchmal auch mit Bor angereichert.

In den erdöl- und erdgasführenden Becken treten meist mehrere Horizonte mit gespanntem Wasser übereinander auf, die sich durch den Mineralisationsgrad, durch die chemische Zusammensetzung der Wässer und durch eigene Drucksysteme unterscheiden. Schwach permeable Zwischenschichten trennen diese Horizonte voneinander, so daß eine Kommunikation ausgeschlossen ist.

Die Druckwasserhorizonte stellen nur einen Teil der wasserführenden Horizonte innerhalb eines artesischen Beckens

Tabelle 6. Angaben über die Oxydationsfähigkeit mit Kaliumjodat der Chloroform- und Aktivkohleextrakte organischer Stoffe aus den Wässern der Erdöl- und Erdgaslagerstätten

Lagerstätten	Teufe der Probenentnahme m	Stratigraphische Stellung der Horizonte	Oxydationsfähigkeit mit Kaliumjodat: Chloroform $O_2\frac{Chl}{Jod}$	Aktivkohle $O_2\frac{Kohle}{Jod}$	$O_2\frac{Chl}{Jod}$ / $O_2\frac{Kohle}{Jod}$	$\sum r$ mval/l
Dysch (Krasnodarer Region)	2076–2064	Maikop, I. Horizont	28,19	11,11	2,54	315,58
Kaluga (Krasnodarer R.)	2028–2013	Maikop, I. Horizont	19,84	10,34	1,92	–
Dysch (Krasnodarer R.)	2386–2247	Maikop, I. Horizont	64,38	16,77	3,85	262,06
Erdölverwaltung „Sirwanneft“, Kjurovdag (Aserbaidshan), 1. Erdölfeld	1761–1754	Produktive Serie, 1. Hor.	59,26	9,18	6,45	–
Kjurowdag (Aserbaidshan)	2542–2500	Produktive Serie	107,69	30,40	3,54	–
Kjurowdag (Aserbaidshan)	1977–1973	Produktive Serie	70,19	9,74	7,38	–
Paramaj (Sachalin)	–	Tertiär	139,57	15,50	9,00	Cl= 162,00
Sabo (Sachalin)	–	Tertiär	9,62	4,04	2,38	Cl= 96,00
Süd-Alamyschik (Fergana)	–	Vermischtes Wasser der Horizonte XIX und XXII (Kreide)	10,57	0	∞	Cl= 672,62
Süd-Alamyschik (Fergana)	650–676	Paläogen, Sumsar-Stufe, I. U.-H.	7,87	4,25	1,85	Cl=1550,0
Süd-Alamyschik (Fergana)	787–809	Paläogen, Sumsar-Stufe, I. U.-H.	122,16	45,90	2,66	Cl=1534,0
Süd-Alamyschik (Fergana)	460–467	Neogen, Bachtri-Stufe, I. U.-H.	5,10	2,33	2,19	Cl= 764,2
Isbaskent (Fergana)	–	Paläogen, Sumsar-St., III. U.-H.	5,60	0	–	Cl= 594,4
Chartum (Fergana)	2800	Paläogen, VIII. Unterhorizont	5,33	0	–	Cl=3502,4

dar. Die Grenze zwischen den Druckwasser- und normalen wasserführenden Horizonten verläuft in jener Zone, in der ungespannte sauerstoffhaltige Wässer aus dem Gebiet des intensiven Wasseraustauschs in der Nähe des Einzugsgebiets (oxydierendes Milieu) in gespannte sauerstoffarme Wässer, die sich durch eine erhöhte Mineralisation auszeichnen, übergehen.

Hauptaufgabe der hydrogeologischen Forschung ist es, die Strömungsbedingungen und die gesetzmäßigen Veränderungen der chemischen Zusammensetzung der Tiefenwässer einzelner wasserführender Schichtenfolgen zu untersuchen, um damit die Grenzen der einzelnen Druckwassersysteme sowie die Grenzen eines erdöl- und erdgasführenden Beckens bestimmen zu können.

Ferner kommt es darauf an, die Hauptströmungsrichtungen und die Gebiete der offenen und bedeckten Entlastung der Wässer einer Schichtenfolge, die im Druckwasserbereich liegt, festzustellen, da in solchen Schichtenfolgen, wie es die Erfahrung zeigt, gewöhnlich Erdöl- und Erdgaslagerstätten nachgewiesen werden konnten. Als Beispiele für den Zusammenhang von Erdöl- und Erdgashorizonten mit Zonen bedeckter Entlastung können die Lagerstätten des Wolga-Ural-Gebiets, des Kubangebiets, der Westsibirischen Tiefebene und auch noch andere angeführt werden. Ein weiteres Kriterium, das sich in Zonen mit bedeckter Entlastung als Indikator für die Erdölführung verwenden läßt, sind die sog. hydrochemischen Tiefenanomalien. Dabei handelt es sich um Fremdwässer aus tiefer liegenden Schichten, die in die höheren wasserführenden Horizonte aufgestiegen sind. Es gibt aber auch eine Reihe von Erdöllagerstätten, die an offene Entlastungsgebiete gebunden sind, d. h., die Tiefenwässer haben die Möglichkeit, an die Erdoberfläche zu kommen. Beispiele für diesen Typ stellen die Lagerstätten Westturkmeniens und teilweise auch die Lagerstätten Aserbaidshans dar. Gewöhnlich treten in den offenen Entlastungsgebieten nicht nur hydrochemische, sondern auch geothermische Anomalien auf.

Dieses Nebeneinander von erdöl- und erdgasführenden mit artesischen Becken trifft nicht überall zu. Im Prinzip ist diese Beziehung zwischen Erdölführung und gespanntem Wasser nur in Horizonten und Schichtenfolgen zu beobachten, die deutlich ausgeprägte Einzugs- und Entlastungsgebiete erkennen lassen. Diese Bedingungen sind im allgemeinen für geosynklinale Zonen und für Gebiete mit jungen Infiltrationswässern typisch. In den Tafelgebieten und in Zonen mit alten Sedimentationswässern wirken andere Faktoren. In den zuletzt genannten Gebieten ist es vor allem der geostatische Druck, der die anomal hohen Drücke bewirkt, unter denen sich die Tiefenwässer befinden und die im allgemeinen bedeutend über dem hydrostatischen Druck liegen. In solchen Fällen beobachtet man eine Strömung des Wassers aus den Hochdruckzonen in die druckschwachen Randgebiete des geomorphologisch ausgeprägten Beckens. Unter diesen Bedingungen sind besonders sorgfältige Untersuchungen der Tiefenwässerströmung zu den Entlastungsgebieten hin erforderlich. Völlig anders muß man die Herkunft der Tiefenwässer betrachten, die nicht durch rezente Infiltration in die Schichten gelangten, sondern als „fossile" Wässer anzusehen sind (Sedimentations- und alte Infiltrationswässer).

Die paläohydrogeologische Analyse

Es wurde schon erwähnt, daß die Rekonstruktion der Strömungs- und Bildungsbedingungen der Tiefenwässer während der einzelnen geologischen Entwicklungsabschnitte dieses oder jenes Untersuchungsgebiets für den Erdölgeologen besonders wichtig ist. Dieser Aufgabe dient die paläohydrogeologische Analyse.

Diese Untersuchungsmethode wurde schon in den 30er und 40er Jahren von einer Reihe sowjetischer Forscher vorgeschlagen. Erst nachdem eine Anzahl Arbeiten zu dieser Methode erschienen und die Analysenmethodik so weit entwickelt war, daß man die Strömungsgeschwindigkeiten der Wässer und die Intensität des Wasseraustauschs quantitativ erfassen konnte, erfuhr die paläohydrogeologische Analyse die ihr gebührende Anerkennung. Die Bestimmung der Strömungsgeschwindigkeiten der Wässer und der Intensität des Wasseraustauschs gestattet es, Voraussagen über mögliche Erdölakkumulationen für jede geologische Entwicklungsetappe in dem zu untersuchenden Gebiet zu machen.

Die Prinzipien, die Grundlage dieser Methode sind, können folgendermaßen zusammengefaßt werden:

1. Es lassen sich große Sedimentationszyklen feststellen, denen auch entsprechende hydrogeologische Zyklen zuzuordnen sind, die durch längere regionale Sedimentationsunterbrechungen voneinander getrennt werden. Man unterscheidet kontinentale und marine Sedimentationsperioden.

2. Auf der Grundlage paläotektonischer und paläogeographischer Untersuchungen (Karten, Profile, Kurven säkularer Schwankungen) werden paläohydrogeologische Schemata mit besonderer Kennzeichnung der Einzugsgebiete, der Zirkulation, des Abflusses, der Zonen möglicher Entlastung der Strömungsrichtungen der Wässer sowie der Zonen des aktiven und verminderten Wasseraustauschs angefertigt. An Hand solcher Angaben kann man die Erdölhöffigkeit des untersuchten Gebiets beurteilen. Von einigen Forschern werden sogar Formeln für die Berechnung der Strömungsgeschwindigkeiten des Wassers und der Anzahl der Wasseraustauschzyklen für die Sedimentations- und Infiltrationsetappen eines jeden Zyklus vorgeschlagen. Die Ergebnisse solcher Berechnungen sind nur bedingt richtig und müssen angezweifelt werden.

3. Parallel zur Untersuchung paläohydrogeologischer Verhältnisse studiert man auch die gegenwärtigen hydrodynamischen und -chemischen Bedingungen, um damit die Zusammenhänge zwischen der Dynamik und dem Chemismus der Tiefenwässer klären zu können. Solche Untersuchungen machen sich erforderlich, um Ausgangswerte für die Einschätzung der Bildungs- und Umbildungsbedingungen des chemischen Bestands der Tiefenwässer im Verlaufe der geologischen Entwicklung zu erhalten.

Die Aufgabe des Hydrogeologen ist es also, für jeden Sedimentationszyklus bis zur geologischen Gegenwart ein hydrogeologisches Schema mit den weiter oben genannten Angaben anzufertigen. Der Vergleich solcher Schemata untereinander sowie mit den Karten der Erdöl- und Erdgasverteilung für das untersuchte Gebiet gestattet es, die Beziehungen zwischen den hydrogeologischen Bedingungen und der Erdöl- und Erdgasakkumulation im Verlaufe der geologischen Entwicklungsgeschichte festzustellen. Die Ergebnisse der paläohydrogeologischen Analyse können auch zur Bestimmung der Migrationswege und der Migrationszeit des Erdöls beitragen. Fernerhin lassen sich Aussagen über den primären oder sekundären Lagerungscharakter der Lagerstätten machen, d. h. über den Einfluß der Tiefenwässer auf die Lagerstättenbildung. Zusammenfassend kann man sagen, daß die paläohydrogeologische Analyse eine Methode ist, deren Ergebnisse für die Einschätzung der Erdöl- oder Erdgasführung eines untersuchten Gebiets große Bedeutung haben und vom Erdölgeologen stets berücksichtigt werden sollten.

Literatur

ALTOWSKI, M. E.: Organische Substanz und Mikroflora der unterirdischen Wässer und ihre Bedeutung für die Einschätzung der Erdöl- und Erdgasführung. – Arb.-Tag. geoch. Meth., Moskau 1959.
BARS, E. A.: Hydrochemische Untersuchungen bei der Suche auf Erdöl und Erdgas (Stand und Aufgaben). – Arb.-Tag. geoch. Meth., Moskau 1959.
– Die gelöste organische Substanz der unterirdischen Wässer und die Möglichkeit ihrer Nutzung in der Erdölgeologie. – Sammelw. „Geochemie u. Hydrochemie d. Erdöllagerstätten", S. 86, Moskau 1963.
BARS, E. A., & T. I. ALEKSANDROWA: Die wasserlösliche organische Substanz der Schichtwässer der Erdöllagerstätten von Kuban. – Nowosti neftj. techn. (geol.), H. 10 (1958).
– Phenole in Schichtwässern der Erdöllagerstätten von Krasnodarskij krai. – Nowosti neftj. techn. (geol.), H. 10 (1960).
BARS, E. A., G. A. BORSCHTSCHEWSKIJ, I. O. BROD & A. M. OWTSCHINIKOW: Über die genetische Verbindung der Erdöl- und Erdgasbecken und der sie einschließenden Grundwasserbassins. – Geol. nefti i gasa, H. 11 (1961).
BARS, E. A., & S. S. KOGAN: Über die organische Substanz der unterirdischen Wässer, die mit Lösungen ausgebracht und in Sorbenten gesammelt werden. – Nowosti neftj. techn. (geol.), H. 12 (1961).
– Einige Gesetzmäßigkeiten der Veränderung des Charakters der in den Schichtwässern der erdölführenden Bereiche des Wolgagebietes gelösten Substanz. – Sammelw. Geochim. neft. i neftj. mestorosh., S. 168, Moskau 1962.
BARS, E. A., & L. N. NOSOWA: Zur Frage der organischen Substanz der Wässer der kretazischen und jurassischen Ablagerungen des mittleren Teils des Ob-Irtysch-Beckens. – Sammelw. Geochim. neft. i neftj. mestorosh., S. 181, Moskau 1962.
GLÄSER, W. G.: Zur Methodik der paläohydrogeologischen Analyse der erdöl- und erdgasführenden Gebiete des Tafeltyps. – Geoch. Kaustobiolithe u. Lagerstätten, Moskau 1962.
KARZEW, A. A.: Prinzipien und Wege der paläohydrogeologischen Untersuchungen. Probleme der Hydrogeologie. – Gostoptechisdat, Moskau 1960.
KARZEW, A. A., & S. B. WAGIN: Paläohydrogeologische Untersuchungen beim Studium der Bildung und der Zerstörung von Erdöl- und Erdgasansammlungen. – Sowj. geol., H. 8 (1962).
SCHABAROWA, N. T.: Über die chemische Zusammensetzung der organischen Substanzen in den Wässern einiger Lagerstätten. – Trudy WNIGNI, Bd. XXVII (1960).

Beobachtungen zum Auftreten von Kohlenwasserstoffen im Werrakaligebiet[1]

HANS KÄSTNER, Jena

(Mitteilung aus dem VEB Geologische Erkundung West, BA Jena)

1. Einleitung

Das Auftreten von Kohlenwasserstoffen im Werrakaligebiet ist aus mehreren Arbeiten, die sich mit den Kalisalzflözen „Thüringen" und „Hessen" des Zechsteins 1 befassen, bekannt. Zusammenfassend wurden diese Vorkommen des Werragebiets (DDR-Anteil) von U. ROST (1957) beschrieben. Es handelt sich dabei um spurenhafte Vorkommen von Erdöl und Erdgas, die bisher in allen Kaligruben beobachtet wurden. Sie wurden beim Auffahren von Strecken entdeckt, und die geringen ausfließenden Ölmengen versiegten nach kurzer Zeit, ebenso die stellenweise auftretenden Kohlenwasserstoffgase. Zurück bleiben Ölimprägnationen der Salze, wobei der Ölgehalt maximal einige Prozent beträgt. Wegen der geringen Mengen konnten Analysen von Öl und Gas nur mangelhaft oder gar nicht durchgeführt werden. Allgemein werden die Öle als rötlich gefärbt, leicht beweglich und aromatisch riechend beschrieben. Von zwei Erdölvorkommen aus der Grube Menzengraben liegen nach U. ROST Siedeanalysen vor:

1. Vorkommen	2. Vorkommen
Siedebeginn bei 190° C,	Bei 110° C sieden 20%,
bei 200° C sieden 4,9%,	bei 230° C sieden 60%,
bei 300° C sieden 67,2%,	das Öl stockte bei – 6° C.
Dichte bei 22° C 0,875 g/cm³.	

Die austretenden Kohlenwasserstoffgase sollen einen benzinartigen Geruch besessen haben. Aus der Grube „Marx—Engels" wurde eine aus einer Kohlensäurerachel stammende Gasprobe analysiert. Sie enthielt 8,8% Methan und Äthan.

Die Vorkommen von Kohlenwasserstoffen in den Kaligruben des Werragebietes sind immer an Basaltgänge oder an meist diesen parallel verlaufende Kluftzonen (Schnitte) gebunden und stehen immer im Zusammenhang mit Kohlensäure, die in freier Form auf Klüften oder salzgebunden auftritt. Daneben sind auch Erdölspuren aus dem Liegenden des Werrasteinsalzes, dem Unteren Werraanhydrit, in einigen Bohrlöchern (z. B. Völkershausen 1, Buttlar 2) bekannt. Es besteht daher die Ansicht, daß die in den Kaligruben angetroffenen Kohlenwasserstoffe zusammen mit dem Basalt und der Kohlensäure aus tieferen Schichten aufgestiegen sind. Für die Herkunft dieser Kohlenwasserstoffe kommen die bitumenführenden Zechsteinglieder im Liegenden des Werrasteinsalzes in Frage.

Bei der Erkundung und Nutzung von Kohlensäurelagerstätten konnten weitere Beobachtungen über Kohlenwasserstoffvorkommen im Werragebiet gemacht werden. Sie geben Aufschluß über die geologische und wirtschaftliche Bedeutung dieser Vorkommen, ihre Qualität und den Charakter ihres Auftretens in den Kaligruben.[2])

2. Erdölvorkommen der Sonde Schorngraben 1

Die Kalibohrung Schorngraben 1 (E. DITTRICH & H. KÄSTNER 1960) sollte in Komplexerkundung den Kupferschiefer gewinnen. Sie wurde, nachdem sie im Zechsteinkalk eruptiv kohlensäurefündig geworden war,

[1]) Eingang des Manuskripts in der Redaktion: 17. 1. 1964

[2]) Dem VEB Kohlensäurewerk „Bernhardshall" in Leimbach, Kreis Bad Salzungen, dankt Verf. für die Unterstützung bei der Durchführung der Beobachtungen.

eingestellt. Das Liegende des Werrasteinsalzes ist folgendermaßen ausgebildet:

— 765,05 m	Unteres Werrasteinsalz Na 1α
	Unterer Werraanhydrit A 1α
— 768,05 m	Anhydrit, dunkelbraungrau, feinkristallin, dolomitisch unregelmäßig grob und weit gestreift bis unregelmäßig breit und weit gebändert, in den oberen 2,05 m im Wechsel mit dezimeterstarken Bänken von Anhydritdolomit, dunkelgraubraun, dicht bis feinkristallin, anhydritisch sehr fein und sehr eng regelmäßig gestreift;
— 771,00 m	Anhydritdolomit, dunkelgraubraun, dicht bis feinkristallin, Anhydritsubstanz in Form von 3— max. 5 mm großen, engstreifig und regelmäßig angeordneten Anhydritperlen, im unteren Teil mit mehreren steil einfallenden, unter 5 mm breiten und mit Anhydrit verheilten Klüften;
— 772,50 m	Anhydrit, dunkelbraungrau, feinkristallin, dolomitisch klein (oben) bis groß (unten) marmoriert, mit mehreren steil einfallenden, unten 5 mm breiten und verheilten Klüften;
	Zechsteinkalk Ca 1
— 776,00 m (Endteufe)	Kalkstein, dunkelgrau bis schwarzgrau, dicht, schwach tonig-schluffig, an der Oberkante 0,20 m mit eingestreuten mm-großen Anhydritperlen, oberer Teil mit unregelmäßigen tonigen Streifen, unterer Teil ungeschichtet, in den unteren 0,90 m stark klüftig durch glatte, meist senkrechte Klüfte, Kern in 5—15 cm lange Stücke zerfallen

Die Sonde wurde, nachdem die Kohlensäure $2^1/_2$ Monate frei abgeblasen hatte, neu installiert und durch eine Rohrleitung an das Kohlensäurefeld „Bernhardshall" bei Leimbach, Kreis Bad Salzungen, angeschlossen (E. DITTRICH 1960). In der Rohrleitung war ein Wasserabscheider unmittelbar an der Sonde, ein zweiter etwa 3 km entfernt beim Schacht Menzengraben angebracht. Am 22. 9. 1959 wurde mit der Kohlensäureförderung aus dieser Sonde begonnen, und am 18. 3. 1960 wurde erstmals festgestellt, daß sich in dem Abscheider Menzengraben etwa 20 dm³ Öl angesammelt hatten, während der Abscheider an der Sonde trocken blieb. In der Folgezeit wurde das Öl dem Abscheider regelmäßig in Abständen von 3—4 Tagen, teilweise auch häufiger, entnommen. Dadurch war es möglich, die in kurzen Zeitintervallen anfallenden Ölmengen genau zu registrieren und mit den geförderten Kohlensäuremengen zu vergleichen. Es zeigte sich, daß die Ölmengen nicht unmittelbar von der geförderten Menge Kohlensäure abhängen, sondern der Kohlensäureförderung pro Zeiteinheit, also der Fließgeschwindigkeit der Kohlensäure, proportional sind. In dem Diagramm der Abb. 2 wurden die jeweiligen Ölmengen als Tagesdurchschnitte dargestellt, die Fließgeschwindigkeit der Kohlensäure als Stundendurchschnitt für das jeweilige Ölentnahmeintervall.

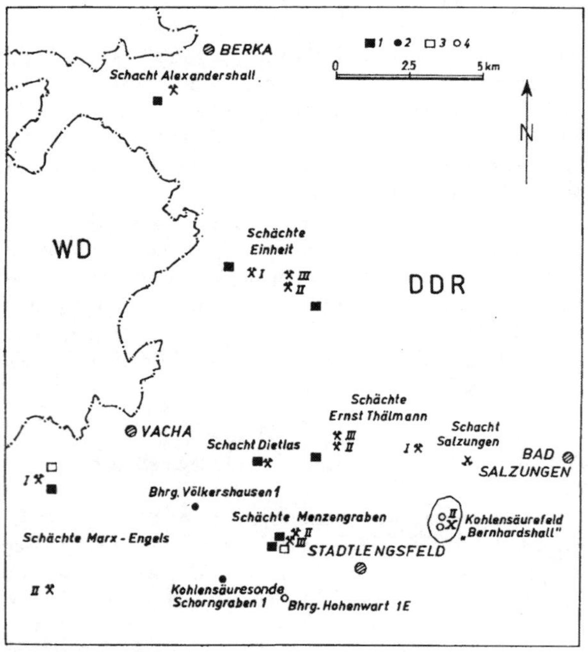

Abb. 1. Kohlenwasserstoffvorkommen im Werra-Kaligebiet
1 — Erdöl in Kaligruben, 2 — Erdöl in Bohrungen, 3 — Erdgas in Kaligruben, 4 — Erdgas in Bohrungen

Aus dem Diagramm ist zu ersehen, daß die Maxima und Minima beider Kurven zusammenfallen. Kleinere Schwankungen sind durch den technischen Betriebsablauf im Kohlensäurewerk Leimbach, die großen durch den jahreszeitlich veränderlichen Kohlensäurebedarf (Getränkeindustrie!) bedingt. Weiterhin ist ersichtlich, daß bei einer bestimmten Fließgeschwindigkeit der Kohlensäure die Ölmengen sehr gering sind bzw. ausbleiben. Diese wurde im März 1960 überschritten, sie sank seitdem nur in Einzelfällen wieder auf diesen Wert ab.

Das Erdöl wurde in Spuren („Ausschwitzen") bereits am Kern der dolomitischen Partien des Unteren Werraanhydrits beobachtet. Diese sind im Anschluß an F. DEUBEL (1954) auch als das Muttergestein des Erdöls anzusehen. Es dürfte sich auf den Klüften im Unteren Werraanhydrit und Zechsteinkalk, ähnlich wie bei der Erdöllagerstätte von Volkenroda im Hauptdolomit (F. DEUBEL 1954), angesammelt haben. Damit befindet es sich auf der gleichen Lagerstätte wie die Kohlensäure magmatischen Ursprungs (E. DITTRICH 1960). Die ausgeprägte Klüftung ist durch eine N—S gerichtete Störung bedingt, die das Subsalinar durchsetzt. Durch das auf tektonische Beanspruchung plastisch reagierende Werrasteinsalz wird die Kluftlagerstätte nach oben abgedichtet. Die Untersuchungen über den Bau der genannten Störungszone werden noch weitergeführt.

Da die geförderten Ölmengen der Fließgeschwindigkeit der Kohlensäure proportional sind, muß man eine hohe Strömungsenergie für den Austritt des Erdöls verantwortlich machen. Das Erdöl wird dabei höchstwahrscheinlich emulsionsartig von der Kohlensäure mitgerissen. Nimmt man an, daß das Erdöl von der Kohlensäure gelöst wird, dann müßten die Ölmengen unabhängig von der Fließgeschwindigkeit sein und allein den geförderten Kohlensäuremengen entsprechen. Hinzu kommt eine andere Erscheinung: In Wasser gelöste Kohlensäure setzt die Viskosität von Erdöl herab, diese Tatsache wird in der modernen Erdölfördertechnik für Sekundärverfahren ausgenutzt. Möglicherweise verhält es sich ebenso mit reiner, flüssiger Kohlensäure wie in unserem Falle. (Die p-t-Bedingungen der Sonde Schorngraben 1 können in Analogie zur Sonde Oechsen 1 angenommen werden; in der Sonde Schorngraben 1 konnten sie aus betriebstechnischen Gründen noch nicht gemessen werden. In der Sonde Oechsen 1 herrschen p-t-Bedingungen, bei denen die

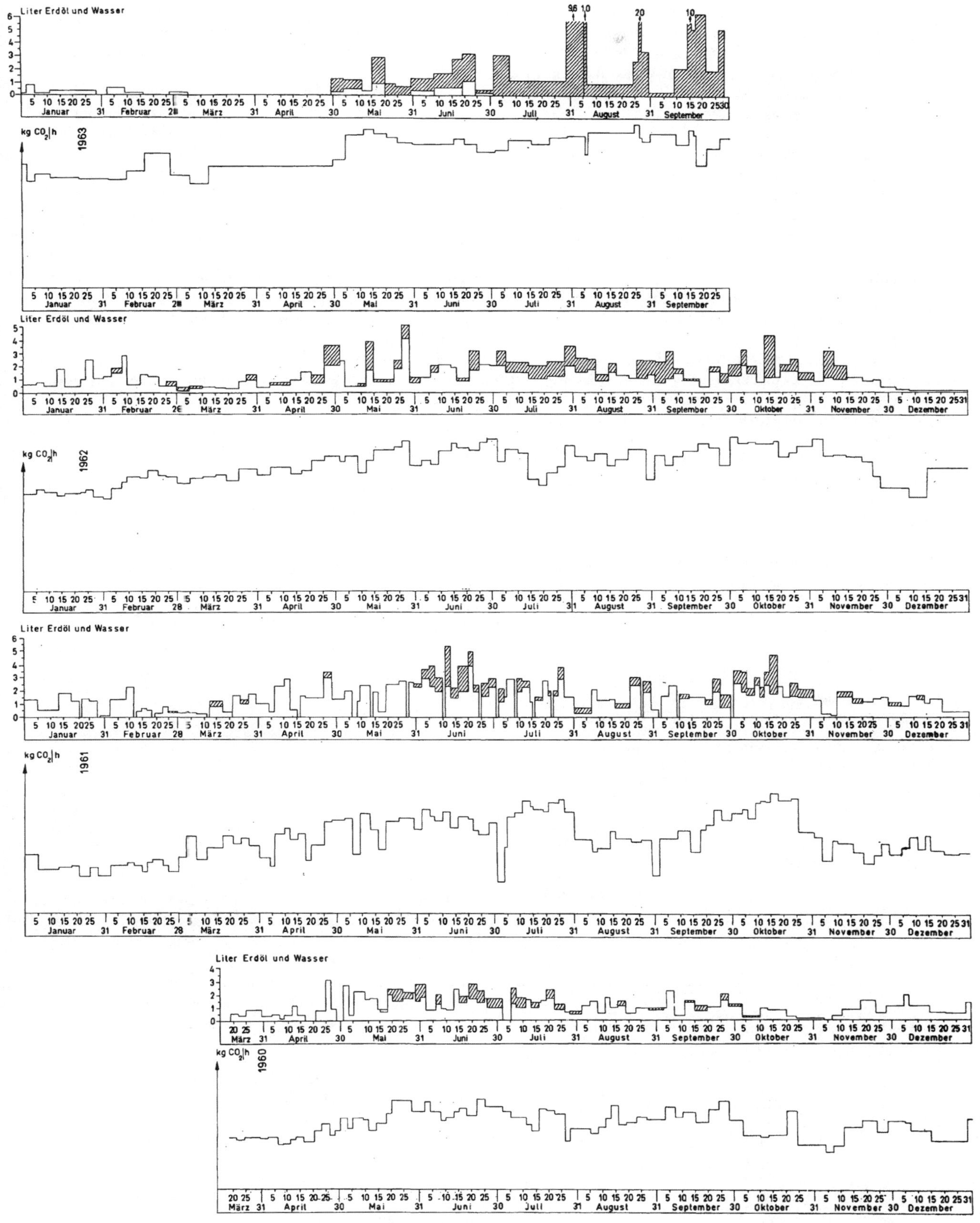

Abb. 2. Kohlensäuresonde Schorngraben 1

CO_2-Fließgeschwindigkeit mit Öl- und Wasserabscheidung, schraffiert — Wasser

Kohlensäure auf der Lagerstätte in flüssiger bis homogener Phase und am Sondenkopf im Grenzbereich zwischen flüssiger und gasförmiger Phase vorliegt.) Die „Förderung“ des Erdöls mittels Kohlensäure stellt dabei ein ausgezeichnetes „Sekundärverfahren“ dar, so daß vorausgesetzt werden kann, daß das gesamte bewegliche Bitumen aus der „Lagerstätte“ entfernt wird. Unter den p-t-Bedingungen, wie sie in der Förderleitung von der Sonde zum Kohlensäurewerk bestehen, wird das Erdöl wieder abgeschieden. Direkt an der Sonde kann man das Erdöl nur als Rückstand aus verdunstetem Kohlensäureschnee gewinnen. Dieser wird durch eine besondere Abblasdüse an der Sonde entnommen.

Von dem Erdöl wurde in Zeitintervallen von einigen Monaten eine Reihe von Proben entnommen, um zu überprüfen, ob sich Veränderungen in der Charakteristik des Erdöls zeigen. Sie umfassen einen Zeitraum von über zwei Jahren. Zum Vergleich wurden die Dichte und die Siedeanalyse herangezogen. Die Schwankungen der einzelnen Analysenergebnisse sind unbeträchtlich, gesetzmäßige Veränderungen sind nicht zu erkennen. Da es sich um gesetzlose Schwankungen, teilweise vielleicht innerhalb der Analysengenauigkeit, handelt, wurden die Maximal- und Minimalwerte zusammengestellt. Zugrunde liegen der Aufstellung 11 Analysen aus dem Forschungsinstitut für die Erkundung und Förderung von Erdöl und Erdgas, Gommern, und eine Analyse aus dem damaligen Zentrallabor des Zentralen Geologischen Dienstes, Berlin.[3]) Acht Proben wurden aus dem Abscheider Menzengraben, vier Proben direkt an der Sonde als Rückstand aus Kohlensäureschnee entnommen.

Das Erdöl ist im frisch gewonnenen Zustand gelblich bis braunrötlich, leicht beweglich und hat einen benzinartigen Geruch. Beim Stehen dunkelt es nach. Nach den Analysen ist es ein leichtes Öl. Die oben nach U. ROST (1957) genannten Vorkommen scheinen, abgesehen von dem zweiten Vorkommen von Menzengraben, mit dem Erdöl der Sonde Schorngraben 1 übereinzustimmen.

Gleichzeitig mit dem Erdöl werden geringe Wassermengen abgeschieden, die in letzter Zeit zuungunsten des Erdöls zugenommen haben. Es lag der Verdacht nahe, daß es sich um Erdölbegleitwässer handele. Chemische Analysen konnten ihn jedoch nicht bestätigen, da sie einen großen Sulfatanteil an der gelösten Substanz besitzen. Beobachtungen hierzu werden noch fortgesetzt.

Charakteristik des Erdöls aus der Sonde Schorngraben

1. Emulgiertes Wasser (Xylolmethode)	frei oder Spuren unter 1%
2. Dichte (gespindelt, Pyknometer)	0,814–0,820 g/cm³
3. Fluoreszenz (Quarzlampe)	violett bis violett-milchig
4. Viskosität (HÖPPLER-Viskosimeter) 20° C	3,9–6,09 cP
5. Viskosität (HÖPPLER-Viskosimeter) 50° C	2,35–2,52 cP
6. Brechungsindex (ABBÉ-Refraktometer) 20° C	1,453–1,455
7. Elementaranalyse (C–H-Bestimmung nach KUMPAN)	C = 83,7–85,2% H = 13,5–14,4%
8. Salzgehalt	14,7–20 mg NaCl/kg Öl
9. Oberflächenspannung (Staglagnometer)	25–25,2 dyn/cm
10. Oberer und unterer Fließpunkt	F_o = –2 bis –1° C F_u = –5 bis –4° C
11. Neutralisationszahl	1,1–3,3 mg KOH/g Öl
12. Siedeanalyse (ENGLER—UBBELOHDE): (gemittelt aus 10 Analysen)	

Vol.-%	°C		
Siedebeginn	169,6		
5	214,9		
10	226,7	Benzin	
15	234,9	(bis 180° C)	3%
20	242,1	Petroleum	
25	248,5	(180–240° C)	16%
30	254,9		
35	261,8	Dieselöl	
40	268,8	(über 240° C)	66%
45	275,3		
50	282,4		
55	291,1		
60	301,1		
65	311,0		
70	321,5		
75	334,0		
80	347,4		
85,1	360,0		

3. Gasförmige Kohlenwasserstoffe

Die Kalibohrung Hohenwart 1 E wurde Anfang 1960 ebenfalls bis in das Rotliegende abgeteuft, um das Liegende des Werrasteinsalzes auf seine Kohlensäureführung zu untersuchen. Das Subsalinar erwies sich als nicht klüftig, und Gas wurde nur in Spuren angetroffen. Entgegen den anderen Kohlensäurevorkommen zeigte es überwiegenden Bitumengeruch. Durch eine im Labor des jetzigen VEB Erdöl- und Erdgaserkundung Gotha angefertigte Analyse wurde die Kohlenwasserstofführung des Gases bestätigt. Es setzt sich zusammen aus:

87,2 %	Kohlendioxyd
3,4 %	Stickstoff
0,24%	Sauerstoff
0,02%	Wasserstoff
0,05%	Helium
6,13%	Methan
3,07%	Äthan
0,46%	Propan

Ebenso führen die in Förderung stehenden Lagerstätten geringe Mengen gasförmiger Kohlenwasserstoffe. Für die Kohlensäure der Lagerstätte Bernhardshall wurden 0,25 bzw. 0,23% Methan und 0,005% C_2-C_4-Kohlenwasserstoffe (Analyt. Labor des VEB Leunawerke, siehe E. DITTRICH 1960), für die Lagerstätte Schorngraben 0,9% Methan (Zentrallabor des ehem. Zentralen Geologischen Dienstes, Berlin) ermittelt.

4. Geologische und wirtschaftliche Bedeutung der Kohlenwasserstoffvorkommen

Aus der Lagerstätte Schorngraben wurden vom 18. 3. 1960 bis zum 30. 9. 1963 insgesamt 1,0423 m³ oder 0,85 t Erdöl gefördert. Das Diagramm der Abb. 2 zeigt, daß, abgesehen von den jahreszeitlichen Schwankungen, die geförderten Erdölmengen nach Über-

[3]) Beiden Instituten dankt Verf. hiermit für ihre Unterstützung und die Durchführung der Arbeiten.

schreitung eines Maximums trotz hoher Fließgeschwindigkeit der Kohlensäure ständig abgenommen haben. Dies bedeutet, daß das Erdölvorkommen um die Sonde Schorngraben 1 „erschöpft" ist.

Daraus ergibt sich nach Meinung des Verf. erstmals die Möglichkeit, die Erdölmengen quantitativ zu messen, die in den geologischen Dokumentationen von Bohraufschlüssen allgemein als „Erdölspuren" gekennzeichnet werden. Der Einzugsbereich der Sonde Schorngraben 1 ist zwar unbekannt, doch aus der bisherigen Entnahmemenge an Kohlensäure und den Druckverhältnissen der Sonde läßt sich ableiten, daß er dem einer gut produzierenden Erdgassonde entsprechen muß. Deshalb sollte es möglich sein, auch für Gebiete mit Erdöl-Erdgasbohrungen, deren Kerne zwar „gute Öl- und Gasanzeichen" aufweisen, die sich aber bei einer Testung und Sondenbehandlung als „nicht fündig" erweisen, Erdölmengen in der Größenordnung von Schorngraben anzunehmen. Mit Erdgas dürfte es sich ähnlich verhalten.

In diesem Zusammenhang kann auch etwas zur Erdöl-Erdgashöffigkeit des gesamten Werragebietes gesagt werden. Paläogeographisch ist dieses als hochsalinares Sedimentationsbecken des Zechsteins 1 (Werra-Serie) gekennzeichnet, während die übrigen Zechsteinfolgen stark beckenrandliche Einflüsse zeigen (hierzu W. Hoppe 1960). Unter dem mächtigen Werrasteinsalz folgen nach dem Liegenden Unterer Werraanhydrit, Zechsteinkalk einschließlich Kupferschiefer, Zechsteinkonglomerat und Rotliegendes. Die petrographische Ausbildung und Mächtigkeit des Unteren Werraanhydrits und des Zechsteinkalkes können dem Profil der Bohrung Schorngraben 1 entnommen werden (die volle Mächtigkeit des Zechsteinkalkes einschließlich des Kupferschiefers dürfte etwa 9 m betragen). Beide Gesteine weisen Nutzporositäten von weniger als 1% bis max. 5,5% auf. Das Zechsteinkonglomerat ist ein grauer, feinkörniger, geröllführender Sandstein mit karbonatischem Bindemittel, der 2 bis über 10 m mächtig ist. Seine Nutzporosität schwankt zwischen 1,5 und 5,5%. Das Rotliegende besteht aus rotbraunen, dichten Ton- und Schluffsteinen mit Schwankungen der Nutzporosität um 4%. Als Speichervolumen käme demnach nur Klufthohlraum in Frage, der an bestimmte, eng begrenzte tektonische Störungszonen gebunden ist. Als Muttergesteine stehen lediglich die dolomitischen Partien des Unteren Werraanhydrits zur Verfügung, deren Mächtigkeit für die Bildung von wirtschaftlichen Kohlenwasserstoffmengen nicht ausreicht. Eine wirtschaftliche Kohlenwasserstofführung ist danach im Werragebiet nicht zu erwarten. Bestätigt wird das durch die Ergebnisse von Kohlensäurebohrungen, bei deren Testung auf Kohlensäure man auch Ergebnisse über die Kohlenwasserstofführung des Subsalinars erhält. Die dabei beobachteten, meist nur geringfügigen Vorkommen von Kohlenwasserstoffen wurden oben beschrieben.

5. Neue Hinweise über die Kohlenwasserstoffe in den Kaligruben

Wie einleitend gesagt, sind mehrere kleine Kohlenwasserstoffvorkommen in den Kaligruben im Bereich der Kalisalzflöze „Hessen" und „Thüringen" aufgeschlossen worden. Man nimmt an, daß diese zusammen mit den Basalten und der Kohlensäure magmatischen Ursprungs aus dem Liegenden aufgestiegen sind. Die Kohlensäuresonden, speziell die Sonde Schorngraben 1, bieten den Beweis hierfür und stellen ein gutes Modellbeispiel für die geologischen Vorgänge dar. Die Kohlenwasserstoffe werden durch die Strömungsenergie der Kohlensäure bei verminderter Viskosität mitgerissen und gelangen so auf eine sekundäre Lagerstätte. Hinweise auf solche Wanderungen liefert auch die Isotopengeologie. Von I. Maass (1962) wurde das $^{12}C/^{13}C$-Verhältnis an CO_2-Proben verschiedenen Auftretens untersucht. Das CO_2 aus Carnallitit hebt sich dabei stark von dem CO_2 der Kohlensäurelagerstätte Bernhardshall (bei I. Maass „CO_2-Quelle") sowie vom Basalt unter und über Tage ab. Bei dem Basalt wurde das CO_2 aus in ihm enthaltenen Karbonaten gewonnen. Das höhere $^{12}C/^{13}C$-Verhältnis des Carnallitit-CO_2 gegenüber dem CO_2 aus Bernhardshall spricht für eine Beteiligung biogen entstandenen Kohlenstoffs bei ersterem. Das kann so gedeutet werden, daß das jetzt salzgebundene CO_2 beim Durchwandern des Subsalinars geringe Mengen Kohlenwasserstoffe aufgenommen hat. Die Untersuchungen stehen noch am Anfang, so daß erst wenige Vergleichswerte vorliegen.

Zusammenfassung

Bei der Erkundung und Nutzung von Lagerstätten natürlicher Kohlensäure im Werragebiet wurden neue Beobachtungen über das Auftreten von Kohlenwasserstoffen gemacht. Es wird die „Förderung" von geringen Erdölmengen aus der Kohlensäuresonde Schorngraben 1 beschrieben und das spurenhafte Auftreten von gasförmigen Kohlenwasserstoffen in einigen anderen Bohrungen genannt. In diesem Zusammenhang wird die Erdöl-Erdgashöffigkeit des Werragebietes beurteilt. Die Beobachtungen geben außerdem Hinweise auf die Herkunft der Kohlenwasserstoffe in den Kaligruben.

Резюме

При разведке и эксплуатации месторождений природной углекислоты в области р. Верра сделаны новые наблюдения о проявлении углеводородов. Описывается „добыча" небольших количеств нефти из углекислотной скважины Шорнграбен I и приводятся места проявления следов газообразных углеводородов в нескольких других скважинах. В связи с этим оценивается нефтегазоносность области р. Верра. Наблюдения дают, кроме того, указания на происхождение углеводородов в калийных шахтах.

Summary

New observations on the occurrence of hydrocarbons have been made during the exploration and utilization of deposits of natural carbon dioxide in the Werra district. An „output" of low quantities of petroleum from the carbon dioxide probe Schorngraben 1 is described and the occurrence of gaseous hydrocarbon traces in some other boreholes is mentioned. In this connection an estimate is made of the petroleum and natural gas bearing of the Werra district. The observations described also inform about the origin of hydrocarbons in potash mines.

Literatur

DEUBEL, F.: Betrachtungen über das Auftreten von Erdöl und Erdgas im Zechstein des Thüringer Beckens. — Geologie, 3, 804—831, Berlin 1954.
DITTRICH, E.: Kohlensäure-Erkundung in der Vorderrhön. — Z. angew. Geol., 6, 249—253, Berlin 1960.
DITTRICH, E., & H. KÄSTNER: Ergebnisse der Kali-Untersuchungsbohrungen Schorngraben 1/58—59, Hohenwart 1/1E/58—60, Stadtlengsfeld 2/58 und Weilar 3/3E/59—60 in den Jahren 1958 bis 1960. — Unveröff. Ergebnisbericht, Geol. Dienst Jena 1960.
HOPPE, W.: Die Kali- und Steinsalzlagerstätten des Zechsteins in der Deutschen Demokratischen Republik, Teil 1: Das Werra-Gebiet. — Freiberger Forsch.-H., C 97/I, Leipzig 1960.
KÄSTNER, H.: Kohlenwasserstoffe im Unteren Werra-Anhydrit. — Wiss.-Techn. Informationsdienst des ZGI, 2, Nr. 2, S. 19, 1961.
MAASS, I.: Beiträge zur Isotopengeologie der Elemente Wasserstoff, Kohlenstoff und Sauerstoff. — Z. Isotopentechnik, 2, S. 111—116, 1962.
ROST, U.: Geologische Untersuchungen an Erdöl- und Erdgasvorkommen in den Kaligruben des Werragebietes und des nordöstlichen Teils des Thüringer Beckens. — Unveröff. Dipl.-Arb., Freiberg 1957.
— Erdöl- und Erdgasvorkommen in den Kaligruben des Werragebietes und des nordöstlichen Teiles des Thüringer Beckens (Autorreferat der Diplomarbeit). — Geologie, 8, S. 217, Berlin 1959.
Akten des VEB Geologische Erkundung West, BA Jena.

Die Bestimmung der Wasserdurchlässigkeit von Lockergesteinsgrundwasserleitern[1]

JOHANNES ZIESCHANG, Berlin

(Mitteilung aus dem Zentralen Geologischen Institut, Berlin)

Die Wasserdurchlässigkeit von Lockergesteinsgrundwasserleitern ist definiert durch den Durchlässigkeitsbeiwert k_f in der Durchflußgleichung nach DARCY:

$$Q = k_f \cdot I \cdot F \quad (1)$$

Q — Durchflußmenge in m^3/s
k_f — Durchlässigkeitsbeiwert in m/s
I — Grundwassergefälle
F — Durchflußfläche in m^2

Der Durchlässigkeitsbeiwert kann durch Laborversuche, Feldversuche oder Berechnungen anhand von Korngrößen- oder Porengehaltsbestimmungen ermittelt werden. Die Untersuchung der Wasserdurchlässigkeit von Lockergesteinsgrundwasserleitern anhand von Durchflußmessungen im Labor erfolgt jedoch nur unter unnatürlichen Gefällsverhältnissen und enthält somit größere Ungenauigkeiten. Die Berechnung des Durchlässigkeitsbeiwertes anhand von Korngrößen- oder Porengehaltsbestimmungen setzt Eichuntersuchungen durch Feld- oder Laborversuche voraus. Die fehlerärmste Ermittlung des Durchlässigkeitsbeiwertes von Lockergesteinsgrundwasserleitern ist anhand von Feldversuchen möglich, die unter natürlichen Bedingungen und bei Beachtung aller die Berechnung beeinflussenden Faktoren durchgeführt werden.

Ein Minimum an Untersuchungsaufwand bei Erreichung einer optimalen Genauigkeit ist bei einem Spezialpumpversuch gegeben, der sich aus einem zentral gelegenen Versuchsbrunnen und aus je zwei zu beiden Seiten senkrecht zur Grundwasserströmungsrichtung angeordneten Grundwasserbeobachtungsbrunnen zusammensetzt. Die theoretischen Grundlagen dieses Versuchssystems wurden bereits im Artikel des Verf. „Geologisch-hydraulische Betrachtung der Wasserdurchlässigkeit von Lockergesteinsgrundwasserleitern" (Zeitschrift für angewandte Geologie, Band 8, Heft 5, Mai 1962) dargelegt. Danach erfolgt die Berechnung aus den durch Feldversuch ermittelten Werten eines Beharrungszustandes nach den Gleichungen:

Für Lockergesteinsgrundwasserleiter mit gespanntem Grundwasserspiegel:

$$k_f = \frac{Q}{2 \cdot \pi \cdot x \cdot m \cdot I_x} \quad (2)$$

Für Lockergesteinsgrundwasserleiter mit freiem Grundwasserspiegel:

$$k_f = \frac{Q}{2 \cdot \pi \cdot x \cdot H \cdot I'_x} \quad (3)$$

$$x = \frac{x_2 - x_1}{\ln \frac{x_2}{x_1}} \quad (4)$$

x_1 = Abstand zwischen Versuchsbrunnen und innerem Beobachtungsbrunnen in m
x_2 = Abstand zwischen Versuchsbrunnen und äußerem Beobachtungsbrunnen in m
m = Mächtigkeit des gespannten Lockergesteinsgrundwasserleiters zwischen den Beobachtungsbrunnen in m
H = Mächtigkeit des grundwassererfüllten ungespannten Lockergesteinsgrundwasserleiters zwischen den Beobachtungsbrunnen in m

$$I_x = \frac{s_1 - s_2}{x_2 - x_1} \quad (5)$$

$$I'_x = \frac{s_1 - s_2}{x_2 - x_1} - \frac{(s_1 - s_2)}{(x_2 - x_1)} \cdot \frac{(s_1 + s_2)}{2 \cdot H} \quad (6)$$

s_1, s_2 = Absenkungen des Grundwasserspiegels in den Beobachtungsbrunnen in m

Die Berechnung ist für die beiden Beobachtungsbrunnenpaare getrennt durchzuführen. Der Mittelwert beider Berechnungsergebnisse stellt den Endwert dar, der dem k_f-Mittelwert des Grundwasserleiters im untersuchten Abschnitt entspricht. Ein Vergleich mit Durchlässigkeitsbeiwerten anderer Bereiche ist nur auf der Basis des Durchlässigkeitsgrundwerts k_{10} möglich. Der Durchlässigkeitsgrundwert ist der Durchlässigkeitsbeiwert, auf destilliertes Wasser von 10°C bezogen. Die Veränderung der Durchlässigkeit mit dem Grundwassergefälle ist im Gefällsbereich unter 0,01 so gering, daß sie vernachlässigt werden kann. Bei einem normal mineralisierten Grundwasser ist die Korrektur bzw. Umrechnung nur hinsichtlich der Temperatur notwendig. Diese Umrechnung erfolgt durch die Gleichung:

[1]) Eingang des Manuskripts in der Redaktion: 5. 3. 1964

$$k_{10} = c \cdot k_t \quad (7)$$

c — Umrechnungsfaktor nach POISSEUILLE

$$c = \frac{1,359}{1 + 0,0337 \cdot t + 0,00022 \cdot t^2} \quad (8)$$

k_t — Durchlässigkeitsbeiwert, ermittelt bei t° C Wassertemperatur (Versuchstemperatur)
t — Versuchstemperatur in °C

Da ein Lockergesteinsgrundwasserleiter stets vielschichtig aufgebaut ist, kann in sehr vielen Fällen ein gekrümmter Verlauf der in einem Schnitt darzustellenden Potentiallinien des durch den Pumpversuch hervorgerufenen Grundwasserströmungsgeschehens vorhanden sein. Der zu untersuchende Lockergesteinsgrundwasserleiter ist daher an jedem der vier Beobachtungsbrunnenstandorte durch drei Beobachtungsbrunnen vertikal gleichmäßig verteilt zu besetzen. Ergibt die Auswertung einen gekrümmten Verlauf der Potentiallinien zwischen den Beobachtungsbrunnen, dann sind anstelle der Faktoren m bzw. H in den Gleichungen (2) bzw. (3) die Länge der Potentiallinie m' im Berechnungsabstand x vom Versuchsbrunnen bei gespanntem Grundwasser bzw. die Größe H', gebildet aus der Summe von Länge der Potentiallinie h' im Berechnungsabstand x vom Versuchsbrunnen und Mittel s_m aus den Absenkungen s_1 und s_2, bei ungespanntem Grundwasser einzusetzen.

Die Entfernungen zwischen den Beobachtungsbrunnen und dem Versuchsbrunnen sind nicht willkürlich festzulegen. Die Wahl des Abstands des äußeren Beobachtungsbrunnens wird durch den maximal zulässigen Abstand eingeschränkt.

$$x_{max} = 0,1 \cdot B \quad (9)$$

B — Entnahmebreite beim Pumpversuch in m

Es ist also notwendig, den mittleren Durchlässigkeitsbeiwert vor der Einrichtung des Feldversuchs anhand der Korngrößensummenkurve angenähert zu berechnen, die beabsichtigte Fördermenge bei dem in Rechnung zu stellenden Beharrungszustand vorzugeben und das natürliche Grundwassergefälle zu messen, damit die Entnahmebreite B aus der linearen Durchflußgleichung (1) bzw. x_{max} aus Gleichung (9) errechnet werden kann.

Eine genaue rechnerische Bestimmung des Mindestabstands x_{min} zwischen dem inneren Beobachtungsbrunnen und dem Versuchsbrunnen ist für praktische Belange nicht durchführbar, da dieser Wert in erster Linie vom Aufbau des Grundwasserleiters in der Nähe des Versuchsbrunnens abhängig ist und dabei besonders Extremwerte der Durchlässigkeit, wie Kieslagen, großen Einfluß haben können. Der Abstand x_{min} wird in den weitaus meisten Fällen mit 10 m als ausreichend zu betrachten sein; er kann bei homogenem Schichtenaufbau auch weniger als 10 m und bei extrem heterogenem Schichtenaufbau mehr als 10 m betragen. Zu beachten ist, daß sich sowohl x_{max} als auch x_{min} mit zunehmender Förderleistung vergrößern. Eine Kontrolle des Gültigkeitsbereichs bezüglich x_{min} ist stets nach dem Strömungsbild unter Beachtung des kritischen Gefälles nach ZUNKER durchzuführen.

Wie bereits gesagt wurde, sind die vier Beobachtungsbrunnen und der in der Mitte stehende Versuchsbrunnen annähernd auf einer geraden Linie senkrecht zur Strömungsrichtung anzusetzen. Die beiden äußersten Beobachtungsbrunnenstandorte können eher etwas gegenstrom abweichen als umgekehrt. Vor Beginn des Versuchsaufbaus ist die Grundwasserfließrichtung für den Bereich des Feldversuchs möglichst genau zu ermitteln, damit die obengenannte Forderung über die Anordnung der Beobachtungsbrunnenreihe zur Grundwasserfließrichtung eingehalten wird. Eine Verdrehung der Beobachtungsbrunnenreihe um mehr als 20° ist für das beschriebene Verfahren unzulässig, da dann größere unkontrollierbare Fehler entstehen (s. Abb. 1). Die fehlerhafte Zunahme der k_f-Werte ist nicht nur von der Lage der Beobachtungsbrunnenreihe zur Fließrichtung, sondern auch vom Grundwassergefälle, von der Fördermenge und von der Durchlässigkeit selbst abhängig. Tritt bei einer zulässigen Drehung (also bis max. 20°) eine Differenz der auf NN bezogenen Grundwasserspiegelruhelagen von mehr als 2 cm (Meßgenauigkeit bei Brunnenpfeifen usw. $\pm$ 1 cm!) zwischen den beiden äußeren Beobachtungsbrunnen auf, dann wird die Verdrehung offensichtlich und muß rechnerisch berücksichtigt werden; und zwar sind in Gleichung (5) zur Bestimmung von I_x anstelle der Absenkungen des Grundwasserspiegels s_1 und s_2 in den Beobachtungsbrunnen die entsprechenden NN-Lagen dieser abgesenkten Wasserspiegel einzusetzen.

Werden alle obengenannten Faktoren berücksichtigt und wird der Spezialpumpversuch danach angesetzt, durchgeführt und ausgewertet, dann erfolgt die Bestimmung des k_f-Wertes mit einer Genauigkeit unter $\pm$ 10%. Diese Genauigkeit ist auf Grund der Versuchsbedingungen nicht mehr zu steigern und reicht für alle praktischen Belange vollkommen aus. Da die Spezialpumpversuche zur Bestimmung der Durchlässigkeit jedoch sehr teuer sind, wird man bestrebt sein, sie durch billigere abgeleitete Methoden zumindest für bestimmte Bereiche zu ersetzen. Ein vollwertiger Ersatz kann jedoch nur dann vorliegen, wenn die Bestimmung der Durchlässigkeit mit gleicher Genauigkeit erfolgt.

Seit jeher boten sich die Ergebnisse der wenig kostspielig durchzuführenden Korngrößenanalysen für eine empirische Bestimmung der Durchlässigkeit von Grundwasserleitern an. Das ist auch heute noch so, zumal die Ergebnisse der Korngrößenanalysen auch für den Brunnenausbau benötigt werden und in jedem Fall durchgeführt werden müssen. Nach den bisherigen praktischen Erfahrungen und theoretischen Grundlagen geht die Bestimmung der Durchlässigkeit nach der Korngrößensummenkurve davon aus, daß sich der k-Wert mit zunehmendem Durchmesser der wirksamen Korngröße und mit abnehmendem Ungleichförmigkeitsgrad vergrößert. Dabei hat sich die empirische Formel (nach HAZEN)

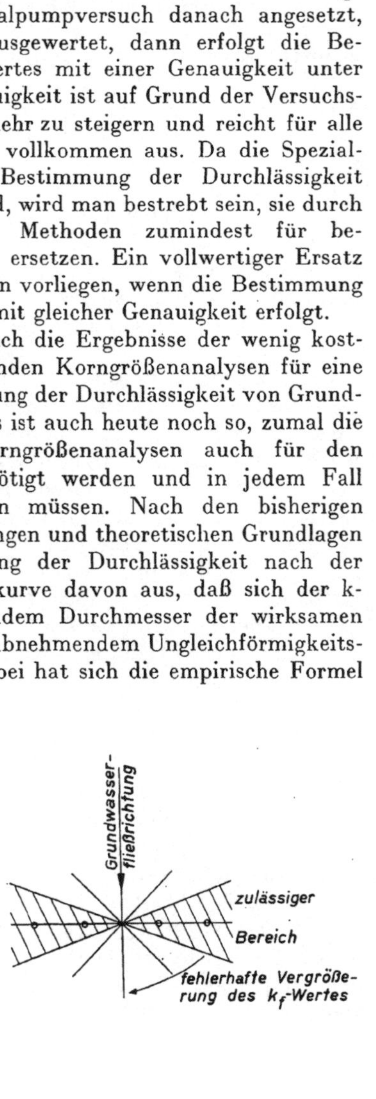

Abb. 1.

$$k = c \cdot d_{10}^2 \text{ (k in m/s; } d_{10} \text{ in mm)} \quad (10)$$

speziell für den wichtigen Bereich $d_{10} = 0{,}1 - 0{,}5$ mm in der Praxis so gut bewährt, daß sie immer wieder Anwendung gefunden hat. Ein Grund dafür war allerdings auch die bisher wenig wissenschaftlich fundierte Durchführung von k_f-Wert-Feldversuchen, so daß die dabei entstandenen Fehler häufig mehr als 50% betrugen, während nach der siebanalytischen Bestimmung besonders für den wenig ungleichförmigen Bereich meistenteils Fehler von weit unter 50% auftraten. Es ist jedoch notwendig, die k-Wert-Bestimmung nach siebanalytischen Ergebnissen in ihrer Genauigkeit noch zu steigern, damit sie als weitaus billigere Methode anstelle von Feldversuchen Verwendung finden kann.

Ausschlaggebend für die recht genaue k-Wert-Bestimmung nach obengenannter Formel ist die Wahl des variablen Beiwertes c, der mit zunehmendem Ungleichförmigkeitsgrad kleiner wird. In der sowjetischen Literatur (s. z. B. SKABALLANÔWITSCH 1954) wurde der von dem Amerikaner HAZEN für den Bereich des Ungleichförmigkeitsgrades zwischen 1—5 vorgesehene konstante Wert c = 0,0116 dahingehend variabel gestaltet, daß für

$$U = 1 - 3 \qquad c = 0{,}0139 \text{ und für}$$
$$U = 3 - 5 \qquad c = 0{,}0116$$

benutzt wurde. Diese aus der Praxis entwickelte Verbesserung der Berechnung berücksichtigt jedoch auch noch nicht das sich kontinuierlich verändernde Verhältnis zwischen U und c. Der Ungleichförmigkeitsgrad als bekannte Ausgangsgröße beeinflußt die Größe des Porenvolumens bzw. die für den k-Wert wichtige Größe der Durchflußfläche eines porösen Mediums. In Abb. 2 wurde die Beziehung zwischen dem Ungleichförmigkeitsgrad $U = d_{60}/d_{10}$ und der Durchflußfläche F_U graphisch dargestellt. Die Durchflußfläche wurde bei U = 1, also im Einkornsystem, mit $F_U = 1$ angesetzt.

Der empirisch bestimmte Kurvenverlauf ist als zusammengesetzt zu betrachten, da sich die Ausgangselemente genetisch bedingt mit U verändern. Die Konstruktion der graphischen Darstellung mußte auf den nachfolgend beschriebenen Eichpumpversuch bezogen werden. Die mittlere Korngröße des durch den Eichpumpversuch untersuchten Grundwasserleiters liegt im Mittelsandbereich nahe an der Grenze zum Grobsand. Ein entsprechendes, nahe dem Einkornsystem liegendes Sandgemisch (U = ca. 1,3) besitzt ein unter natürlichen Ablagerungsverhältnissen gebildetes Porenvolumen p von ca. 38% im Mittel, während bei einem korngrößenordnungsmäßig gleichen heterogenen (U = ca. 10) Gemisch p etwa 29% beträgt bzw. bei einem extrem heterogenen Gemisch an 25% heranreicht. Diese Differenz spiegelt generell den natürlichen Schwankungsbereich des Porenvolumens in Sanden und Kiessanden wider. Im übrigen ergibt sich der Kurvenverlauf der Beziehung zwischen F_U und U auf Grund der Mischungsmöglichkeiten bei unterschiedlichem Ungleichförmigkeitsgrad; und zwar wächst mit zunehmendem U die Mischungsmöglichkeit, d. h. die Möglichkeit der Einlagerung kleiner Körner zwischen größere, die eine Porenvolumenverkleinerung hervorruft.

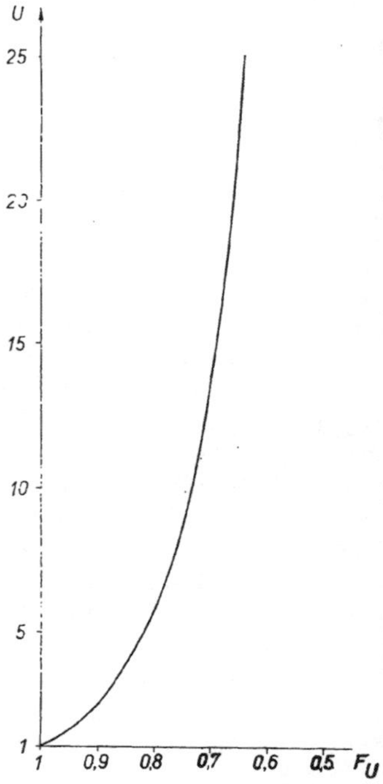

Abb. 2.

Die Abhängigkeit zwischen Kornform und Korngröße, die gleichfalls auf das Porenvolumen Einfluß nimmt, bedarf keiner zusätzlichen Berücksichtigung, da die in Abb. 2 gezeigte Kurve den Parameter des am häufigsten anzutreffenden Kornformbilds (Mittelwert) widerspiegelt und in den im folgenden noch festzulegenden Anwendungsbereichen eine Veränderung des Kornformbilds Schwankungen aufweist, die eine nur schwer erfaßbare Veränderung des k-Wertes von maximal wenigen Prozenten zur Folge haben können. (Alle in diesem Artikel angeführten Berechnungen der Durchlässigkeit beziehen sich auf die parallel zur Schichtung stattfindende Grundwasserströmung, die in der Natur und bei der Nutzung von Lockergesteinsgrundwasserleitern die dominierende Rolle spielt.)

Da nun die in Abhängigkeit von U aufgestellte Veränderlichkeit der Durchflußfläche F_U einer direkt proportionalen Veränderlichkeit des Durchflusses Q bzw. des Durchlässigkeitsbeiwerts k bei sonst gleichen Bedingungen entspricht, kann der Wert c durch F_U unmittelbar ersetzt werden. Entscheidend ist dabei nur die genaue Festlegung des konstanten Ausgangswertes c_0 bei $F_U = 1$. Mit Hilfe eines nach den zu Anfang genannten Gesetzmäßigkeiten aufgebauten und peinlich genau durchgeführten Feldversuchs bzw. eines dadurch ermittelten Durchlässigkeitsbeiwerts und der entsprechenden siebanalytischen Untersuchungen läßt sich der konstante Wert c_0 bestimmen:

$$k_{10(PV)} = c_0 \cdot F_{U(m)} \cdot d_{10(m)}^2 \quad (11)$$

$$c_0 = \frac{k_{10(PV)}}{F_{U(m)} \cdot d_{10(m)}^2} \quad (12)$$

Dieser Versuch wurde südlich von Berlin im jungquartären Talsandgebiet westlich des Rangsdorfer Sees bei Jühnsdorf angesetzt. Oberflächig stehen holozäne Moorerdebildungen (ca. 0,5 m) auf meist feinsandigem bis schluffig-humosem Untergrund (bis 1—2 m u. Gel.) an. Darunter lagern bis ca. 7,5—9 m u. Gel. Talsande der Weichsel-Kaltzeit: vorwiegend Mittelsand, der von oben nach unten grobkörniger wird und in gleicher Richtung zunehmende Kiesanteile aufweist; an der Basis befindet sich zum Teil ein mitunter über 1 m mächtiger Geröllhorizont. Er lagert unmittelbar über 7—15 m mächtigem Geschiebemergel der Saale-Kaltzeit. Die Geschiebemergelbasis wurde zwischen 15 und 22 m u. Gel. angetroffen. Darunter befindet sich ein ca. 17,5—22 m mächtiger Grundwasserleiter, der sich aus

Tabelle 1. Absenkungsbeträge (s in cm) während der Beharrungszustände

Zeit	1/62	2/62			3/62			4/62			5/62			6/62
		o	m	u	o	m	u	o	m	u	o	m	u	
12. 12. 62, 13.00	215	47	46	48	30	31	27	26	27	27	41	42	43	3
Mittelwerte			47			29,3			26,7			42		
13. 12. 62. 12.00	287	67	66	68	45	47	47	39	40	40	58	59	61	13
Mittelwerte			67			46,3			39,7			59,3		
14. 12. 62, 11.00	306	54	54	54	39	39	40	33	34	33	47	50	50	13
Mittelwerte			54			39,3			33,3			49		

saalekaltzeitlichen Vorstoßsanden und im Liegenden aus kalkfreien Sanden der Holstein-Warmzeit zusammensetzt. Kies- und Tonschlufflagen treten ausgesprochen selten auf. Im allgemeinen nehmen die Korngrößen von oben nach unten ab. Das Liegende dieses Grundwasserleiters wird von Tonschluff der Holstein-Warmzeit gebildet.

Die zur Berechnung heranzuziehenden Grundwasserleitermächtigkeiten m ergeben folgende Einzel- und Mittelwerte:

Bohrung	m (in m)
1/62	17,5
2/62	19,0
3/62	18,3
4/62	22,0
5/62	18,1

Wertepaar	m (in m)
2/62—3/62	18,7
4/62—5/62	20,0

Aus Abb. 3, dem Schnitt durch die Versuchsanordnung, können die Einbaudaten entnommen werden. Zur Untersuchung gelangte der relativ gleichmäßig aufgebaute Hauptgrundwasserleiter im Liegenden des Geschiebemergels. Das Grundwasser bewegt sich dort im natürlichen Zustand von NW nach SE. Die Grundwasserbeobachtungsrohre wurden daher etwa auf einer NE—SW verlaufenden Geraden angeordnet. Die Abstände betragen jeweils 20 m. Die Höhen der Rohroberkanten (ROK) wurden wie folgt eingemessen:

Meßpunkt		ROK in m ü. NN
1/62		37,154
2/62	o	37,249
	m	37,187
	u	37,113
3/62	o	37,301
	m	37,192
	u	37,085
4/62	o	37,248
	m	37,139
	u	37,054
5/62	o	37,218
	m	37,831
	u	37,032
6/62		37,155

Am Ende des Pumpversuchs erfolgte eine Kontrollmessung der Höhen der Grundwasserbeobachtungsrohre. Dabei konnten keine bei der Pumpversuchsauswertung zu berücksichtigenden Meßpunktveränderungen festgestellt werden. Es wurden lediglich Abweichungen von 3 mm im Maximum und 1,5 mm im Mittel festgestellt; die Fehler bleiben weit unter der Versuchsgenauigkeit. Der Geschiebemergelhorizont wurde in allen Pegelbohrungen mit Tondickspülung aufgefüllt, so daß eine den Versuchsbedingungen entsprechende Abdichtung gewährleistet war.

Aus den in Tab. 1 aufgezeigten Wasserspiegelabsenkungen ist ersichtlich, daß der obere Grundwasserleiter (s. Kontrollbohrung 6/62) durch den Pumpversuch beeinflußt wurde. Kontrollrechnungen haben jedoch ergeben, daß diese Beeinflussung nur als Fehler von 1—2% in die Durchlässigkeitsberechnung eingeht und somit unberücksichtigt bleiben kann.

Insgesamt wurden während des Versuchs drei Beharrungszustände gefahren. Die Absenkungsbeträge sind aus der Tabelle 1 ersichtlich; sie beziehen sich auf den am 11. 12. 62, 13.00 Uhr, gemessenen mittleren Ruhewasserspiegel von 36,85 m NN. Die Abweichungen zu dieser Horizontalen lagen unter 1 cm, so daß die Beobachtungsbrunnenreihe genau senkrecht zur Grundwasserfließrichtung angeordnet war. Die Wassermengenmessung ergab folgende Werte:

Beharrungszustand am	12. 12. 62, 13.00	Q = 11,5 l/s
,,	,, 13. 12. 62, 12.00	Q = 14,9 l/s
,,	,, 14. 12. 62, 11.00	Q = 10,9 l/s

Die Temperatur des Grundwassers wurde mehrmals während des Pumpversuchs gemessen; sie betrug konstant 9,2° C. Der Chemismus des geförderten Grundwassers ist ohne Besonderheiten, die Mineralisation ist gering, der Gasgehalt verschwindend gering.

Die Durchlässigkeit ergab einen Mittelwert von

$$k_{10(PV)} = 0{,}000421 \text{ m/s}$$

Der maximale Unterschied zwischen größter und kleinster gemessener Durchlässigkeit bei den einzelnen Beharrungszuständen betrug nur ca. 6%. Durch Ein-

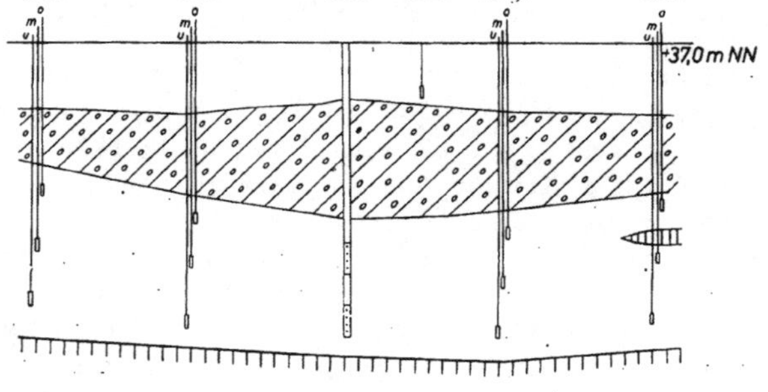

Abb. 3. Schnitt durch die Versuchsanordnung, Pumpversuch Jühnsdorf

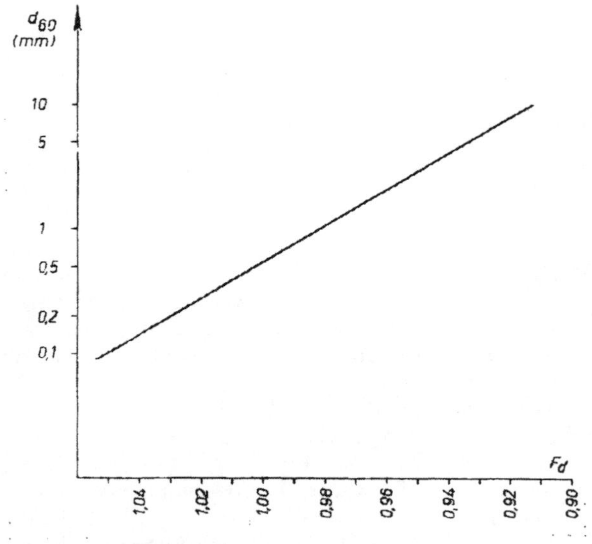

Abb. 4. Verhältnis zwischen dem Korndurchmesser d_{60} in mm und der Durchflußfläche F_d (F_d = 1 bei d_{60} = 0,55 mm)

setzen dieses Durchlässigkeitsbeiwerts in Gleichung (12) erhält man c_0:

$$c_0 = \frac{0{,}000421}{0{,}892 \cdot 0{,}0352} = 0{,}0134$$

Die Werte $F_{U(m)} = 0{,}892$ und $d^2_{10(m)} = 0{,}0352$ sind die dem Feldversuchswert $k_{10(PV)}$ entsprechenden Mittelwerte aus den siebanalytischen Ergebnissen der in Frage kommenden Bohrungen 2/62—5/62.

Man könnte nun schon den k_{10}-Wert mit Hilfe der empirischen Formel

$$k_{10} = c_0 \cdot F_U \cdot d^2_{10} \qquad (13)$$

und unter Verwendung der graphischen Darstellung in Abb. 2 recht genau bestimmen. Es muß jedoch noch beachtet werden, daß das Porenvolumen auch mit zunehmender Korngröße eine abnehmende Tendenz aufweist; und zwar haben natürliche Korngemische, die nahe dem Einkornsystem liegen, im Feinsandbereich ein Porenvolumen von 40—42% und im Mittelkiesbereich ein solches von 36%. Das hat seine Ursachen in einer Auflockerung der Kornpackung bei abnehmender Korngröße. Dieser Fehler kann berücksichtigt werden, indem d_w entsprechend variabel gestaltet wird oder besser noch ein von der mittleren Korngröße d_m variabler Beiwert zugefügt wird. Dieser Beiwert F_d, wiederum abhängig von der Durchflußflächenveränderung, ist aus Abb. 4 ersichtlich; sie zeigt das Verhältnis zwischen d_{60} und F_d, wobei mit $F_d = 1$ diejenige Durchflußfläche zur Darstellung gelangt, die beim ausgewerteten Feldversuch als Mittelwert maßangebend ist. Der mittlere Korndurchmesser kann aus praktischen Gründen ohne Bedenken gleich d_{60} gesetzt werden, da nur bei großem U ein Fehler von maximal ca. 2% entsteht. Wenn noch die beiden Faktoren c_0 und F_U zu c_U zusammengefaßt werden (s. Abb. 5), dann kann folgende neue empirische Formel zur Berechnung der Durchlässigkeit benutzt werden:

$$k_{10(S)} = c_U \cdot F_d \cdot d^2_{10} \text{ (k in m/s; d in mm)} \qquad (14)$$

Dabei bedeuten:

- $k_{10(S)}$ — (entsprechend TGL 0—4049) Durchlässigkeitsgrundwert — Durchlässigkeitsbeiwert in m/s, auf destilliertes Wasser von 10° C bezogen. (S) soll darauf hinweisen, daß der Durchlässigkeitsgrundwert nach o. g. Formel aus der Siebanalyse einer grundwasserleitenden Schicht errechnet wurde;
- c_U — ein nach Abb. 4 von U abhängiger Faktor;
- F_d — ein nach Abb. 5 von d abhängiger Faktor;
- d_{10} — Korngröße in mm bei 10 Gewichtsprozent der Korngrößensummenkurve;
- U — Ungleichförmigkeitsgrad, d_{60} geteilt durch d_{10}.

Mit Hilfe dieser Formel kann der k_{10}-Wert mit der Genauigkeit eines exakt durchgeführten k_f-Feldversuchs wesentlich billiger allein auf der Grundlage der siebanalytischen Ergebnisse ermittelt werden. Die Grenzen des Anwendungsbereichs der entwickelten empirischen Formel werden durch die Möglichkeiten einer noch ausreichend genauen Probengewinnung beim Bohrvorgang bestimmt; und zwar muß festgehalten werden, daß bei größeren Kiesanteilen und höherem Ungleichförmigkeitsgrad keine brauchbaren Mischproben mehr aus dem Grundwasserleiter gewonnen werden können (genetische Ursachen). Im feinkörnigen Bereich setzt der Tonschluffgehalt Grenzen.

Es muß also festgelegt werden, daß die obengenannte empirische k-Wert-Bestimmung generell nur für grundwasserleitende Sande und Kiessande ohne wesentlichen Schluffgehalt (unter 1%) im Bereich d_{10} = 0,1 — 0,4 mm und U = 1 — 25 Anwendung finden kann.

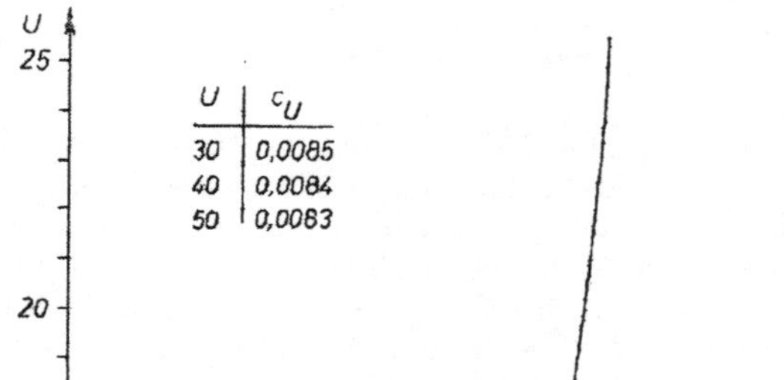

Abb. 5. Verhältnis zwischen U und c_U

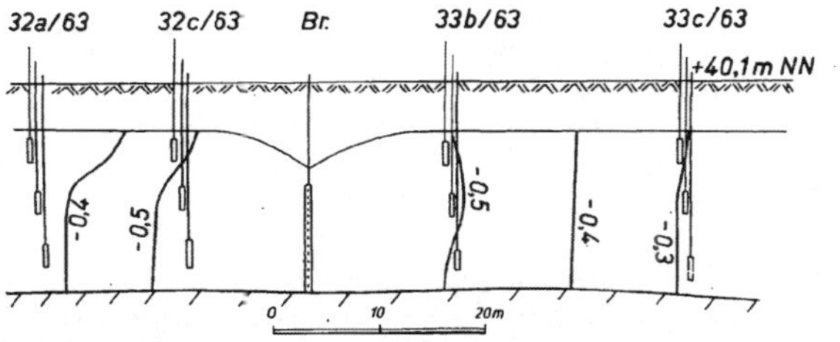

Abb. 6. k_f-Versuch bei Eisenhüttenstadt (nach MEINERT 1963)

Für die Einhaltung der der Berechnung zugrunde gelegten Fehlergrenzen ist folgende Probenahme vorzusehen:

Grundwasserleitende Schichten sind nach jedem Schichtenwechsel, mindestens jedoch alle 2 m, in Eimergröße auszulegen. Diesen Proben sind kleinere Einzelproben (Mischproben von 500 g und mehr je nach Größe von d und U) für die Siebanalyse sorgfältig zu entnehmen; dabei ist die durch den Auskippvorgang möglicherweise erfolgte randliche Entmischung zu beachten.

Die Siebanalyse hat so zu erfolgen, daß eine genaue Konstruktion der Korngrößensummenkurve möglich ist.

Die Berechnung der Durchlässigkeitsgrundwerte ist für die einzelnen Bohrungen zweckmäßigerweise mittels Tab. 2 durchzuführen:

Tabelle 2

Spalte 1 Tiefe der Schicht, von — bis m u. Gel.
2 Mächtigkeit der Schicht in m
3 d_{10} in mm
4 d_{60} in mm
5 U
6 c_U
7 F_d
8 d_{10}^2 in mm²
9 $k_{10(S)}$

Die Korndurchmesser d_{10} bzw. d_{60} sind sorgfältig und mit größter Genauigkeit aus der Korngrößensummenkurve zu ermitteln.

Die Berechnung der mittleren Durchlässigkeit eines Grundwasserleiters ist nach folgender Gleichung vorzunehmen:

$$k_{10(m)} = \frac{k_{10(1)} \cdot m_1 + k_{10(2)} \cdot m_2 + \ldots k_{10(n)} \cdot m_n}{m_1 + m_2 \ldots + m_n} \quad (15)$$

Für die Berechnung des mittleren Durchlässigkeitsgrundwerts $k_{10(m)}$ eines Grundwasserleiters können auch Einzelwerte aus Schichten mit U größer als 25 bei $d_{10} = 0{,}1—0{,}6$ mm und mit U kleiner als 25 bei $d_{10} = 0{,}4—0{,}6$ mm verwendet werden, wenn diese Schichten insgesamt weniger als 20% der Gesamtmächtigkeit des betreffenden Grundwasserleiters ausmachen. Der Wert $k_{10(m)}$ gilt nur als Mittelwert für den unmittelbaren Standort der Bohrung. Bei einer Durchflußberechnung sind entsprechend der zu fordernden Genauigkeit mehrere für das Berechnungsprofil gültige $k_{10(m)}$-Werte zu verwenden.

Die Genauigkeit der $k_{10(S)}$- bzw. der $k_{10(m)}$-Werte kann für den Bereich $d_{10} = 0{,}1—0{,}3$ mm mit $\pm$ 10% angenommen werden; sie steigt mit zunehmender Korngröße d_{10} über $\pm$ 10%.

Sämtliche für Durchflußberechnungen zur Verwendung gelangenden Durchlässigkeitsgrundwerte sind auf die jeweils zutreffenden Grundwassertemperaturen umzurechnen.

Alle Grundwasserleiter, die die bisher genannten Bedingungen für eine k_m-Wert-Bestimmung nicht erfüllen und grobkörniger sind, müssen zwecks Ermittlung des Durchlässigkeitsbeiwerts k_f durch Feldversuche getestet werden.

Der k_f-Wert ist als Mittelwert des untersuchten Grundwasserleiters für den Bereich des Versuchsgeländes gültig. Seine Genauigkeit kann bei fehlerloser Versuchsdurchführung mit $\pm$ 10% angenommen werden.

Bei Erkundungsarbeiten zur Wasserversorgung von Eisenhüttenstadt wurde vom VEB Geologische Erkundung Nord Ende 1963 ein k_f-Feldversuch gefahren, der als Kontrollversuch gewertet werden kann. Abb. 6 zeigt einen Querschnitt durch die Versuchsanordnung. Zur Untersuchung stand ein ungespannter Grundwasserleiter. Die Tab. 3 zeigt die wichtigsten Berechnungsgrundwerte:

Tabelle 3

Nr.	32a/63	32c/63	33b/63	33c/63
Ruhewasserspiegel (m NN) (Mittel)	34,893	34,903	34,923	34,973
Absenkung (m)	0,350	0,527	0,507	0,293
Abgesenkter Wasserspiegel (m NN)	34,543	34,376	34,416	34,680
Abstand vom Versuchsbrunnen (m)	25,5	11,8	13,7	35,2
H (m)	14,2	14,2	14,5	15,0

Die zugehörige Förderleistung beträgt 14 l/s und die Wassertemperatur 9,8 °C.

Bei der k_f-Wert-Berechnung mußte beim Beobachtungsbrunnenpaar 32a/63—32c/63 die Potentiallinienverlängerung berücksichtigt werden. Da zwischen den Beobachtungsbrunnen 33c/63 und 32a/63 eine Ruhewasserspiegeldifferenz von 0,08 m beobachtet wurde, also eine Verdrehung der Beobachtungsbrunnenreihe vorhanden war, mußte das zur Berechnung benötigte Grundwassergefälle nach der obengenannten Sonderregelung bestimmt werden. Es wurden folgende Durchlässigkeiten ermittelt.

32a/63 — 32c/63:
$k_{10(PV)} = 0{,}000695$ m/s
$k_{10(S)} = 0{,}00069$ m/s

33b/63 — 33c/63:
$k_{10(PV)} = 0{,}000555$ m/s
$k_{10(S)} = 0{,}00061$ m/s

Der $k_{10(PV)}$-Wert hat also einen Fehler von ca. -9% bzw. von ca. $+1$%; das ist beim Vergleich der Mittelwerte:

$k_{10(PV)} = 0{,}000625$ m/s
$k_{10(S)} = 0{,}00065$ m/s

ein Fehler von ca. -4%.

Die angegebene Genauigkeit des neuen empirischen Berechnungsverfahrens hat sich schon durch diesen groben Vergleich bestätigt. Bei genauer Betrachtung befindet sich die gesamte Beobachtungsbrunnenreihe, summarisch gesehen, bereits außerhalb des zulässigen

Verdrehungsbereichs; und zwar beträgt der Winkel der Verdrehung:

$$\sin \alpha = \frac{I_{33c-32a}}{I_n} \quad (16)$$

I_n — natürliches Grundwassergefälle am Versuchsstandort

$$\sin \alpha = \frac{0{,}00132}{0{,}003} = 0{,}44$$

α ca. 26°

Daß der Fehler trotzdem noch unter 10% liegt, ist dadurch begründet, daß im Bereich der Beobachtungsbrunnenreihe eine Veränderung der natürlichen Grundwasserbewegungsrichtung vorhanden ist, die durch die unterschiedlichen natürlichen Gefällsverhältnisse bei den beiden Beobachtungsbrunnenpaaren sichtbar wird. Bei der getrennten k_f-Wert-Ermittlung ist dies zu berücksichtigen; und zwar sind das Beobachtungsbrunnenpaar 33b/62—33c/63 hinsichtlich einer mathematischen Auswertung um ca. 50° stromaufwärts und das Paar 32c/63—32a/63 um ca. 14° stromabwärts verdreht. Daraus ist eindeutig ersichtlich, daß der Fehler mit zunehmender Verdrehung größer wird; und zwar ist zu beobachten, daß der Fehler bei Verdrehung stromabwärts negativ und stromaufwärts positiv wird. Die absolute Größe des Fehlers ist variabel, da mehrere Faktoren einwirken.

Der obengenannte Versuch ist also, strenggenommen, nicht mehr im zulässigen Bereich angesetzt worden. Es ist jedoch erkennbar, daß die auftretenden Fehler der Theorie entsprechen und somit die Differenz zwischen $k_{10(PV)}$ und $k_{10(S)}$ weit unter 4% liegt.

Zusammenfassung

Der Artikel befaßt sich mit der Verbesserung und Verbilligung der Wasserdurchlässigkeitsberechnungen von Lockergesteinsgrundwasserleitern. Für den Bereich $d_{10} = 0{,}1$ bis 0,4 mm und U = 1—25 sowie bei Schluff- bzw. Tongehalten von weniger als 1% kann nach der neuen empirischen Formel:

$$k_{10(S)} = c_U \cdot F_d \cdot d_{10}^2 \text{ (k in m/s; d in mm)}$$

eine Durchlässigkeitsbestimmung mit einer Genauigkeit von ± 10% durchgeführt werden. Die von den Ausgangsgrößen d_{60}, d_{10} und U abhängigen Faktoren c_U und F_d können graphisch bestimmt werden.

Die Aufstellung der Formel basiert auf einem Eichfeldversuch und wurde durch einen Kontrollfeldversuch bestätigt.

Резюме

Статья занимается улучшением и удешевлением расчетов водопроницаемости водоносных горизонтов в рыхлых породах. Для интервала $d_{10} = 0{,}1-0{,}4$ мм и для степени неоднородности U = 1—25, а также при содержании пыли или-же глины меньше I процента, определение водопроницаемости можно провести по новой эмпирической формуле

$$k_{10(S)} = c_U \cdot F_d \cdot d_{10}^2$$

с точностью ± 10% (причем к в м/сек., d в мм). Факторы c_U и F_d, зависящие от исходных величин d_{60}, d_{10} и U, можно определить графически.

Составление этой формулы основывается на тарировочной откачке и утверждалось контрольной откачкой.

Summary

The article deals with an improvement and cost reduction of permeability calculations of loose material aquifers. According to the new empiric formula

$$k_{10(S)} = c_U \cdot F_d \cdot d_{10}^2 \quad \text{(k in m/s; d in mm)}$$

the permeability can be determined with an accuracy of ± 10 per cent for the range $d_{10} = 0.1$ to 0.4 mm and U = 1 to 25, as well as with silt and clay contents of less than 1 per cent. The factors c_U and F_d depending on the basic data d_{60}, d_{10} and U can be graphically determined.

The formula is based on a calibration field test and has been confirmed by a control field test.

Literatur

SCHNEIDER-TRUELSEN, C.: Die Wassererschließung. — Essen 1952.

SKABALLANOWITSCH, I. A.: Hydrogeologische Berechnungen über die Dynamik des unterirdischen Wassers. — Moskau 1954.

SNARSKIJ, A. N.: Geologische und physikalische Grundlagen der Erdöl- und Erdgasspeichergesteine. — Freiberg 1963.

ZIESCHANG, J.: Zur zulässigen Höchstbelastung eines Brunnens. — Z. angew. Geol., 7, H. 11, S. 580—582, 1961.

— Geologisch-hydraulische Betrachtung der Wasserdurchlässigkeit von Lockergesteinsgrundwasserleitern. — Z. angew. Geol., 8, H. 5, 226—233, 1962.

— Abschlußbericht über die Ergebnisse eines Feldversuches bei Jühnsdorf zur Ermittlung der Wasserdurchlässigkeit mit optimaler Genauigkeit und Schaffung einer verbesserten empirischen Berechnungsform. — Unveröff., Berlin 1963.

Quartärbasis und älteres Quartär in Ostbrandenburg

Ihre Bedeutung für die angewandte Geologie[1])

MARTIN HANNEMANN, Berlin

(Mitteilung Nr. 174 aus dem VEB Geologische Erkundung Süd, Freiberg, Arbeitsstelle Berlin)

Vorbemerkungen

Im norddeutschen Flachland und in den benachbarten Vereisungsgebieten sind infolge exogener Einwirkungen während des Pleistozäns Teile der tertiären Ablagerungen abgetragen worden. Die Lage der Quartärbasis und die pleistozäne Schichtenfolge in Gebieten mit tiefreichend abgetragenem Tertiär sind für die Stratigraphie, die Paläogeographie und die glazigene Dynamik im älteren Quartär sowie für verschiedene Fachgebiete der angewandten Geologie von besonderer Bedeutung.

Das untersuchte Gebiet umfaßt einen großen Teil Ostbrandenburgs; den Raum von Wriezen im Norden bis Spremberg im Süden sowie von der Linie Strausberg—Lübben im Westen bis zur Oder bzw. Neiße im Osten. Art, Intensität und Verbreitung der pleistozänen Einwirkungen sind hier nur ungenügend erforscht. Aufbau und Entstehung der Ablagerungen in den „Auswaschungen", „Auswaschungsrinnen" oder „Ausräumungszonen" genannten, flözleeren Gebieten blieben weitgehend unklar. Rationelle Such- und Erkundungsarbeiten auf Braunkohle sowie ökonomische hydrogeologische Arbeiten sind jedoch nur möglich, wenn die Lage der Quartärbasis und der Aufbau des älteren

[1]) Eingang des Manuskripts in der Redaktion: 14. 3. 1964

Pleistozäns bekannt sind. Mit der Vorlage einer Isobathenkarte der Quartärbasis und der Erläuterung petrographischer, stratigraphischer und paläogeographischer Untersuchungsergebnisse soll ein Beitrag zur Klärung der Verhältnisse im älteren Quartär des untersuchten Gebietes geleistet werden.

Die Ausführungen haben den Charakter einer vorläufigen Mitteilung. Eine detailliertere Darstellung ist in Arbeit.

Einleitung

In den Jahren 1959 und 1960 sind durch Bohrungen in Südostbrandenburg unerwartet große Quartärmächtigkeiten bekannt geworden. Über die gewonnenen neuen Erkenntnisse wurde von M. HANNEMANN & H. RADTKE (1961) erstmalig berichtet. Inzwischen sind vom ehemaligen Geologischen Dienst Mitte bzw. vom VEB Geologische Erkundung Süd zahlreiche neue Bohrungen auch in der weiteren Umgebung des damals behandelten Gebietes gestoßen worden, deren Ergebnisse weitere Schlußfolgerungen ermöglichen. Einige neue Bohrungen auf Erdöl und Erdgas konnten nach freundlicher Genehmigung durch den VEB Erdöl- und Erdgaserkund, Mittenwalde, zur quartär-geologischen Auswertung mit herangezogen werden.

Für die Konstruktion der Isobathenkarte der Quartärbasis waren in erster Linie die auf der Karte angegebenen, größtenteils neueren Bohrungen maßgebend. Daneben sind mehr als 8000 Schichtenverzeichnisse, vorwiegend älterer Bohrungen mit unterschiedlicher Aussagekraft, zu Rate gezogen worden. Da sie sehr unregelmäßig verteilt und die Teufen wie die Qualität der geologischen Bearbeitung nicht immer ausreichend sind, müssen die Angaben in Teilgebieten unsicher bleiben.

Die Isobathen zwischen den Bohrungen können vor allem in nördlichen Teilgebieten nicht frei von subjektiven Einflüssen ermittelt werden. Form und Größe der quartären Hohlformen sind nicht überall durch Bohrungen belegt. In solchen Fällen sind die Isobathen unter Berücksichtigung der im folgenden begründeten Deutung der Entstehung der Hohlformen konstruiert worden. Trotz dieser Unsicherheiten stellt die vorliegende Karte gegenüber der ersten, bei dem damaligen Kenntnisstand sehr lückenhaften Darstellung durch E. BERGMANN (1955) einen Fortschritt dar.

Lage der Quartärbasis

Zu den wichtigsten Ergebnissen neuer Bohrungen zählt der Nachweis weit verbreiteter quartärer Ablagerungen tief unter Normalnull. Extreme Tiefenlagen der Quartärbasis erbrachten folgende Bohrungen:

Bohrung	Mbl.	m NN
SF 60 (Lauschütz)	3953	— 238,0
Müncheberg 1	3450	— 204,8
Grunow 2	3852	— 193,5
IX/61 (Pillgram)	3652	— 175,8
XI/62 (Lietzen)	3552	— 162,6
XV/61 (Müllrose)	3752	— 162,2

Die am Ende des Pliozäns vorhandene Oberfläche der tertiären Ablagerungen, die bei glazigen ungestörten Verhältnissen in Ostbrandenburg heute durchweg höher als $\pm$ 0 m NN, in Südostbrandenburg sogar höher als + 50 m NN und weiter im Süden höher als + 100 m NN liegen müßte, ist wohl an keiner Stelle erhalten. Im untersuchten Gebiet reicht das Quartär größtenteils tiefer als — 50 m NN. Die Sedimente des Tertiärs sind in verschiedenen, manchmal nur schmalen Zonen der Abtragung völlig zum Opfer gefallen.

Das Vorkommen von sehr mächtigen tertiären Schollen läßt vermuten, daß die Quartärbasis örtlich noch tiefer liegt, als in der Karte angegeben. An den Basen der oft söhlig lagernden Schollen wurde nicht immer pleistozänes Material erbohrt. Die hiermit verknüpfte Problematik soll in einer in Vorbereitung befindlichen Publikation von H. AHRENS, M. HANNEMANN & D. LOTSCH im einzelnen erörtert werden.

Die tiefen quartären Hohlformen sind nicht regellos angeordnet. Von örtlichen Abweichungen abgesehen, scharen sich die Richtungen der Längserstreckungen um zwei Maxima: $\pm$ 30° und $\pm$ 90°. Die Lage der Hohlformen und ihre Anordnung zeigen weder zur heutigen Morphologie des Gebietes noch zur prätertiären Oberfläche irgendwelche Beziehungen. Eine tektonische oder halokinetische Entstehung kommt daher in Ostbrandenburg nicht in Frage. Das schließt nicht aus, daß in einigen Fällen (möglicherweise z. B. in Bohrung SF 60, Lauschütz) halokinetische Bewegungen und Auslaugungen in Gesteinen des Zechsteins und der Trias im Verlaufe des Quartärs die Lage der Quartärbasis postgenetisch um geringe Beträge beeinflußt haben.

Für die Entstehung der quartären Hohlformen kommen, wie im folgenden näher begründet wird, nur erosive und untergeordnet exarative glaziale Vorgänge in Betracht.

Stratigraphie des älteren Quartärs

Elsterkaltzeit

Ablagerungen der Elsterkaltzeit sind vorwiegend in den tiefen glazialen Hohlformen erhalten. Ihre Begrenzung im Hangenden ist an zahlreichen Stellen durch Sedimente der Holsteinwarmzeit gegeben (bei glazigen ungestörter Lagerung zwischen — 50 m und $\pm$ 0 m NN).

Über dem Mesozoikum (vorwiegend Oberkreide; vgl. Karte von F. KÖLBEL 1962) bzw. über den erhalten gebliebenen Resten des Tertiärs folgt gewöhnlich nur eine wenige Dezimeter mächtige Schicht von Geröllen und Geschieben (neben nordischem häufig lokales Material). Sie wird manchmal von geringmächtigem, maximal bis zu 10 m mächtigem Geschiebemergel unterlagert oder ersetzt. In einigen Bohrungen werden diese ältesten Moränenbildungen durch Einschaltung von glazifluviatilen Sanden oder von Beckenbildungen (Ton, Schluff oder Feinsand) gegliedert. Wegen der tiefen Lage des ältesten Moränenkomplexes und der nur geringen Mächtigkeit der Sand-, Ton- oder Schluffmittel dürfte es sich lediglich um eine Wechsellagerung infolge von Gletscheroszillationen handeln. Warmzeitliche Sedimente oder Hinweise auf warmzeitliche Einwirkungen sind nicht gefunden worden.

Im Hangenden des ältesten Geschiebemergelhorizontes bzw. von dessen Äquivalenten liegen gewöhnlich geringmächtige glazifluviatile Sande. Bei besonders tief liegender Quartärbasis (Bhg. SF 60, Lauschütz) wurden maximale Mächtigkeiten bis zu 40 m beobachtet. Weiter im Hangenden und verschiedentlich auch unmittelbar über den ältesten Moränenbildungen schließt sich eine sehr monotone Folge von meist gebänderten Tonen und Schluffen an. Die bis zu 150 m mächtigen Beckensedimente gehen im Hangenden allmählich in eine Wechsellagerung von Schluff und schluffigem Feinsand über. Die warvige Schichtung geht dabei mehr und mehr verloren.

Innerhalb der glazialen Beckenfolge erbohrte Geschiebemergelvorkommen („δm_2") nach M. HANNEMANN & H. RADTKE (1961) sind nach neueren Beobachtungen Umlagerungsprodukte und als schwach sandige Fazies der Beckensedimente zu deuten. Ihre ungewöhnlich tonige Ausbildung, ihr nur vereinzeltes und nicht horizontbeständiges Auftreten sowie das Fehlen deutlicher Begrenzungen des „Geschiebemergels" sowohl im Liegenden als auch im Hangenden der verschiedenen Vorkommen sprechen gegen eine Deutung als Moränenbildungen. Bemerkenswert ist auch das Fehlen glazifluviatiler Begleitschichten; es liegt also kein glazialer Sedimentationszyklus im Sinne von H. L. HECK (1961) vor. Damit verliert die Vermutung, daß es sich bei den ältesten Moränenbildungen um günzkaltzeitliche Ablagerungen handeln könnte (M. HANNEMANN & H. RADTKE 1961), an Wahrscheinlichkeit.

In den Bohrungen IV/61 (Mbl. 3353), X/61 (Mbl. 3452) und VIII/61 (Mbl. 3551), d. h. in gewissen nördlichen Teilen des erkundeten Gebietes, treten an die Stelle der mächtigen Beckensedimente über 100 m mächtige Geschiebemergelvorkommen, denen nur untergeordnet Beckensedimente und glazifluviatile Ablagerungen eingeschaltet sind. Die stratigraphische Einstufung dieser Moränenbildungen ist erschwert, weil warmzeitliche Ablagerungen hier fehlen. Ein elsterkaltzeitliches Alter der liegenden und ein saalekaltzeitliches Alter der hangenden Geschiebemergelpartien ist aus paläogeographischen und faziellen Gründen wahrscheinlich. Untersuchungen hierzu sind im Gange.

Holsteinwarmzeit

Stratigraphisch gesicherte autochthone Bildungen der Holsteinwarmzeit sind in Ostbrandenburg durch K. HUCKE (1941), P. GROSSER & M. HANNEMANN (1960) sowie M. HANNEMANN & H. RADTKE (1961) ermittelt worden. Nach neuen Bohrergebnissen liegen die bisher bekannten Fundpunkte in einem sehr weit ausgebreiteten, teilweise ungewöhnlich mächtigen und weitgehend zusammenhängenden Vorkommen im Raum Lieberose, Beeskow, Frankfurt und Wilhelm-Pieck-Stadt Guben. Sein Bereich knüpft sich stark an den der pelitischen elsterkaltzeitlichen Ablagerungen in diesem Raum (Fünfeichener Becken).

Zwischen den liegenden kaltzeitlichen Beckenbildungen und den bei glazigen ungestörten Verhältnissen in einer Tiefe zwischen — 50 m und ± 0 m NN einsetzenden Ablagerungen der Holsteinwarmzeit liegt ein Hiatus. Nach Pollenanalysen von K. ERD (1963) umfassen die warmzeitlichen Ablagerungen fast nur die Zonen III und IV nach E. SZAFER (1953). Ältere Ablagerungen der Holsteinwarmzeit (Zone II) sind bisher nur in einer Bohrung gefunden worden (1/60 Groß Drewitz; Mbl. 3953). Die Schichten, die das Pollenspektrum der Zone II aufweisen, bestehen nur aus Flachmoortorf. Bei den jüngeren holsteinwarmzeitlichen Ablagerungen handelt es sich hauptsächlich um eine maximal bis etwa 40 m mächtige Wechsellagerung von Schluff, Diatomeenerde und Diatomeenmudde.

Randlich und in seichten Beckenbereichen verzahnen sich die wechsellagernden bindigen Schichten bei — 10 bis ± 0 m NN mit holsteinwarmzeitlichen Ablagerungen in sandiger Fazies (Paludinenbank). Eine Verzahnung zwischen Randfazies (Paludinenbank) und Fazies im Beckeninneren (Diatomeenerde-Schluff-Serie) ist im Raum Eisenhüttenstadt teils in Bohrungen, teils in Aufschlüssen nachweisbar. Die Paludinenbank im Raum Eisenhüttenstadt (K. HUCKE 1941, P. GROSSER & M. HANNEMANN 1960) ist keine Flußablagerung, sondern eine Ablagerung des Litorals bis Sublitorals holsteinwarmzeitlicher Seen. Für die Paludinenbank im Berliner Raum ist das gleiche wahrscheinlich.

E. TRIEBEL (1941) vermißte unter den Ostracoden der Paludinenbank bei Eisenhüttenstadt (früher Fürstenberg) die charakteristischen Formen der Flußfauna. Nach U. STEUSLOFF (angeführt in K. HUCKE 1941) zeigt die Liste der untersuchten Pflanzen die Florengemeinschaft der Ufer von Gewässern oder der Gewässer selbst. Die untersuchten Wasserpflanzen sind überwiegend Formen aus stehenden bis langsam fließenden Gewässern (nach H. GLÜCK 1936). Diese mit der früheren Deutung der Paludinenbank als Flußablagerung (T. SCHMIERER 1922, H. L. HECK 1930 u. a.) schwer zu vereinbarenden Beobachtungen finden somit ihre Erklärung.

Saalekaltzeit

Die im wesentlichen aus glazifluviatilen Sanden (Vorstoß- und Rückschmelzsande) und aus Geschiebemergel bestehenden Ablagerungen der Saalekaltzeit sind bedeutend weiter verbreitet als die gewöhnlich auf Gebiete der tiefen Hohlformen beschränkten elsterkaltzeitlichen Ablagerungen. Sie sind durchschnittlich etwa 50 m, maximal mindestens 100 m mächtig und reichen in den Hochflächengebieten südlich der Eisrandlage des Frankfurter Stadiums der Weichselkaltzeit bis nahe oder bis unmittelbar an die Oberfläche. Eine Unterteilung der saalekaltzeitlichen Ablagerungen in solche der Drenthe- und Warthekaltzeit ist z. Z. noch nicht möglich, weil warmzeitliche Sedimente oder Einwirkungen bisher nicht bekannt geworden sind.

Paläogeographie und glazigene Dynamik, Anlage und Entwicklung quartärer Hohlformen

Elsterkaltzeit

Zu Beginn des Quartärs lag in Ostbrandenburg eine durch die Tätigkeit pliozäner Flußläufe wohl nur wenig gegliederte Fastebene vor. Wie aus den Lagerungsbeziehungen zwischen den bekannten pliozänen Flußablagerungen und den älteren tertiären Sedimenten sowie aus der paläogeographischen und klimatischen Situation gegen Ende des Tertiärs entnommen werden muß, kann die pliozäne Erosion nur eine relativ geringe Tiefenwirkung gehabt haben. Die mit pleistozänen

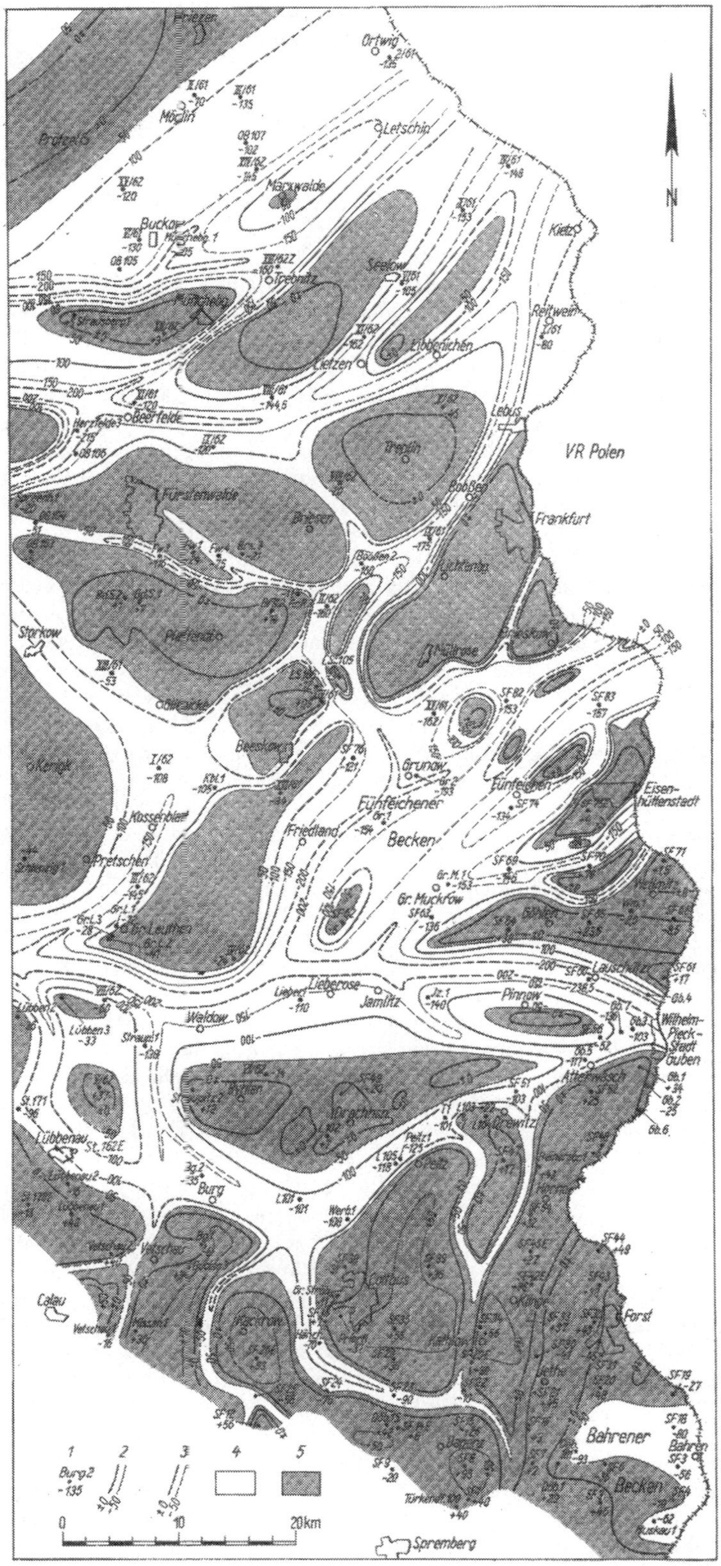

Isobathenkarte der Quartärbasis (Erkundungsstand: Januar 1964)

1 – geologisch bearbeitete Bohrungen, die das Prätertiär erreicht haben, und Lage der Quartärbasis in m NN (auf volle Meter abgerundet)
2 – Isobathen der Quartärbasis (m NN)
3 – Isobathen der Quartärbasis (m NN), vermutet
4 – Quartärbasisfläche tiefer als –50 m NN
5 – Quartärbasisfläche höher als –50 m NN

Ablagerungen erfüllten Tiefenformen sind demnach nicht schon im Pliozän, sondern im Pleistozän entstanden. Daß ihre Lage durch die Erosion pliozäner Flußläufe und durch eventuelle bruchtektonische Vorgänge teilweise vorgezeichnet wurde, ist nicht ausgeschlossen.

In den tiefer als – 100 m NN hinabreichenden quartären Depressionen tritt an der Basis des Quartärs oder wenig darüber ein geringmächtiger, manchmal gegliederter Geschiebemergelhorizont auf. Er wird oft von Auswaschungsrückständen (Geröllen und Geschieben, z. T. einheimischer Herkunft) überlagert und ersetzt. Daß diese Rückstände subaquatisch zum Teil weit transportiert worden sind, bezeugt der oft gute Abrollungsgrad der Komponenten. Diese Rückstände bzw. die Geröllschicht liefern uns damit den Beweis für eine kräftige Erosionsphase nach der Ablagerung der ältesten Grundmoräne. In dieser Zeit muß der Meeresspiegel glazialeustatisch tief abgesenkt gewesen sein, tiefer als zu irgendeiner Zeit maximaler Gletscherausdehnung in den folgenden Kaltzeiten.

Auf Grund der Beziehungen zwischen Klima, Gletscherdynamik und Meeresspiegelschwankungen können wir voraussetzen, daß der Meeresspiegel als Erosionsbasis für abfließende Schmelzwässer kurz vor jeder Vergletscherung in unserem Gebiet mindestens ebenso tief gelegen hat wie nachher. Es ist also naheliegend, die Entstehung der tiefen glazialen Hohlformen durch Erosion zu erklären und sie in die Vorrückphase des ersten Gletschers einzustufen. Diese Annahme findet in der durch Bohrungen nachgewiesenen rinnenförmigen Anordnung eines Teils der Hohlformen eine Bestätigung. Das Fehlen entsprechender Schollen von tertiärem Material, Diskrepanzen zwischen der Erstreckung der Hohlformen und der Richtung der glazialen Beanspruchung sowie geringe Mächtigkeiten der Grundmoränenbildungen an oder in der Nähe der Basis der quartären Hohlformen sprechen gegen eine Entstehung durch unmittelbare Gletscherwirkungen.

Die von E. KOCH (1924, 1954) und anderen Autoren beschriebenen „Rinnen" und „Becken" an der Nordseeküste stehen vermutlich mit den tiefen glazialen Hohlformen in Ostbrandenburg im Zusammenhang. In Nordwestdeutschland (G. C. MAARLEVELD 1954) und den Niederlanden (R. D. CROMMELIN 1954) gefundene elsterkaltzeitliche fluviatile Kiese, deren Geröll- und Schwermineralbestand auf eine Zufuhr aus dem Osten hinweisen, stützen diese Annahme. Die sich etwa E—W erstreckenden Hohlformen stellen vermutlich Hauptabflußbahnen (elsterkaltzeitliche „Urstromtäler"), die etwa NE—SW gerichteten dagegen

Nebenflüsse oder Durchbruchstäler dar. Letztere sind vielleicht durch Exaration (Tiefschürfen des aus nordöstlicher Richtung vordringenden elsterkaltzeitlichen Gletschers) glazigen vorgezeichnet. Die Anordnung der Hohlformen erinnert an die des heutigen Talnetzes (Urstrom- und Durchbruchstäler). Aus ihr wird man später, wenn auch für die benachbarten Gebiete entsprechende Quartärbasiskarten vorliegen werden, möglicherweise auf elsterkaltzeitliche Gletscherrandlagen schließen können.

Mit dem Nachweis einer kräftigen Erosionsphase bald nach der elsterkaltzeitlichen Vergletscherung und den vermuteten paläogeographischen Zusammenhängen in der Elsterkaltzeit ist die derzeitige stratigraphische Einstufung von Ablagerungen fossiler Elbeläufe (K. GENIESER u. a. 1955 u. 1962) fraglich geworden. Es ist schwer verständlich, wie in der Lausitz der „Bautzener" und der „Schmiedeberger Elbelauf" frühelsterkaltzeitlich in so hoher Lage (in der nördlichen Oberlausitz über +160 m NN) aufgeschottert haben konnten, während gleichzeitig nur rund 70 km weiter nördlich die Erosion tiefer als —150 m NN gereicht hat. Die stratigraphische Einordnung der fossilen Elbeschotter, die aus anderen Gründen von G. SCHUBERT (1963) angezweifelt worden ist, bedarf deshalb einer erneuten Überprüfung.

Die Annahme einer erosiven Entstehung des größten Teils der tiefen quartären Hohlformen schließt einen sekundären Einfluß exarativer und detraktiver Kräfte bei der Gestaltung der Quartärbasisfläche nicht aus. Da das gesamte untersuchte Gebiet elsterkaltzeitlich vergletschert gewesen ist, muß auch eine glazigene Modellierung der erosiv entstandenen Hohlformen erfolgt sein. Diejenigen glazialen Hohlformen, die vor der ersten Vergletscherung erosiv entstanden und danach exarativ überformt wurden, sind deshalb Talungen.

In einigen Teilgebieten hat die Exaration jedoch offenbar mehr als nur modellierend gewirkt. Für eine glazigene Entstehung spricht die beckenartige Gestalt einiger Hohlformen, die allein durch Erosion nicht erklärt werden kann. Unter Mitwirkung des Gletschers (Tiefschürfen eines unter Gletscherdruck stehenden Eisstranges) dürften das sogenannte „Bahrener Becken" (i. S. von H. RADTKE 1961), das „Fünfeichener Becken" und evtl. noch weitere beckenförmige Hohlformen (vgl. Isobathenkarte des Quartärs) entstanden sein. Da auch im Bereich der Becken an der Basis des Quartärs Gerölle auftreten, müssen nach der elsterkaltzeitlichen Vergletscherung auch die Beckenbereiche teilweise erosiv beansprucht worden sein.

Das mit der zunehmenden Erwärmung im Anschluß an die elsterkaltzeitliche Vergletscherung verbundene glazialeustatische Ansteigen des Meeresspiegels führte zu einer Hebung der Erosionsbasis und damit zur Ablagerung zunächst klastischer, später pelitischer Sedimente. Petrographie und Reihenfolge der Sedimente erinnern an die der „Becken" im Hamburger Gebiet (E. KOCH 1924, 1954). Lauenburger Ton in Nordwestdeutschland und elsterkaltzeitliche Beckenbildungen in Ostbrandenburg dürften in einem zusammenhängenden Sedimentationsraum entstanden sein, der sich im wesentlichen mit der Verbreitung der altpleistozänen Talungen deckt. Er findet im östlich anschließenden polnischen Gebiet seine Fortsetzung (M. HANNEMANN & F. MAUDREI 1962). Die Feststellung von H. L. HECK (1963), wonach der Lauenburger Ton bzw. dessen Äquivalente über den bisher bekannten Raum hinaus in Südwestmecklenburg ausgebildet sind, stützt diese Anschauung.

Holsteinwarmzeit

Die älteren Teile der Holsteinwarmzeit sind in unserem Raum nicht vertreten (vgl. S. 372). Da es sich um eine weit verbreitete Sedimentationslücke innerhalb von Beckenbildungen handelt, können lokale Einflüsse nicht von ausschlaggebender Bedeutung sein. Der Hiatus muß mit einer Klimaschwankung innerhalb der Holsteinwarmzeit in Zusammenhang stehen. Auch nach pollenanalytischen Befunden (K. ERD 1963 und andere) ist im jüngeren Teil der Holsteinwarmzeit mit höheren Niederschlägen und höheren Wasserständen zu rechnen als im älteren Teil. Der durch die elsterkaltzeitlichen Talungen vorgezeichnete Raum konnte somit erst im Laufe der Holsteinwarmzeit (meist ab Zone III nach SZAFER 1953) für die Sedimentation erschlossen werden. Sie beschränkte sich nicht auf die Talungen, sondern griff randlich auf Gebiete über, in denen durch elsterkaltzeitliche Exaration oder Erosion nur die oberen tertiären Schichten abgetragen worden waren. In litoralen bis sublitoralen Bereichen und vielleicht auch in kleinen Nebentälern kam es zu Ablagerungen von Sanden und Kiesen (Paludinenbank). Zwischen den pelitischen und klastischen warmzeitlichen Ablagerungen gibt es Verzahnungen. Über das normale Maß hinausgehende Unregelmäßigkeiten in der Tiefenlage der holsteinwarmzeitlichen Sedimente lassen auf das Vorhandensein von Eis im Untergrund bis in die Holsteinwarmzeit hinein schließen (vgl. K. GRIPP 1956). Vermutlich handelt es sich nicht nur um Toteis i. e. S., sondern auch um verschüttetes Eis in ausgefrorenen Teilbecken.

Die paläogeographischen Verhältnisse und die Sedimentationsräume müssen während der Holsteinwarmzeit und schon in der Rückschmelzphase des elsterkaltzeitlichen Gletschers stark von den alten Talungen beeinflußt gewesen sein. Für eine Transgression des Holsteinmeeres tief in das norddeutsche Flachland hinein waren also die Voraussetzungen gegeben.

Auf eine tiefe Ingression des Holsteinmeeres in das Innere des norddeutschen Flachlandes lassen die Beobachtungen von W. MIELECKE (1958) an Bohrungen bei Nennhausen nahe Rathenow schließen. Der von ihm in der Bohrung II/56 festgestellte sehr mächtige „fossilarme Ton" entspricht wahrscheinlich einem Teil der in den alten Talungen auftretenden elsterkaltzeitlichen Beckenfolge. W. SCHWARZENHOLZ (1957) konnte in den holsteinwarmzeitlichen Schichten neben Süßwasser- auch Brackwasserdiatomeen (*Terpsinoe americana*) feststellen. L. DIEBEL (1958) fand Foraminiferen (verschiedene Arten von Elphiden) und stellte sie mit Vorbehalt (jungtertiäres Alter und Umlagerungen seien nicht ausgeschlossen) ins Pleistozän. Wenn auch lokale Einflüsse — die untersuchten Vorkommen liegen auf einer refraktionsseismisch nachgewiesenen halokinetisch bedingten Struktur — nicht ausgeschlossen werden können, hat doch der Gedanke an Einflüsse einer holsteinwarmzeitlichen Meeresingression einen hohen Grad von Wahrscheinlichkeit.

In Ostbrandenburg sind Einflüsse einer holsteinwarmzeitlichen Ingression bisher nicht gefunden worden und vermutlich auch nicht vorhanden. Die Sedimentation erfolgte offenbar nicht in einem mit dem Holsteinmeer zusammenhängenden Raum, sondern in verschiedenen Teilbecken im Zuge der alten Talungen. Das Fehlen holsteinwarmzeitlicher Ablagerungen in elsterkaltzeitlichen Talungen Ostbrandenburgs ist zum Teil sicherlich primär, zum Teil aber auf Abtragungen in der Saalekaltzeit zurückzuführen. Dafür spricht das Auftreten saalekaltzeitlicher Geschiebemergelhorizonte in und sogar unter dem Sedimentationsniveau der Holsteinwarmzeit.

Saalekaltzeit

Die morphologischen Verhältnisse am Ende der Holsteinwarmzeit wurden im Verlauf der Saalekaltzeit grundlegend geändert. Neben den glazifluviatilen Erosionswirkungen vor und nach den Vergletscherungen sind diese Änderungen vor allem der stauchenden Kraft der saalekaltzeitlichen Gletscher zuzuschreiben.

Auf die Gestaltung der Quartärbasisfläche hatten die Vergletscherungen der Saale- und auch der Weichselkaltzeit nur einen untergeordneten Einfluß. Tiefere Bereiche (tiefer als etwa — 60 m NN) sind von der erosiven Tätigkeit saalekaltzeitlicher Schmelzwässer im untersuchten Gebiet im allgemeinen nicht berührt worden. Die Tiefenwirkung der weichselkaltzeitlichen Schmelzwässer war noch geringer; sie erreichte in den Urstromtalbereichen ihre höchsten Werte bei etwa — 20 m NN. Die Stauchungen und Exarationen der Gletscher der Saalekaltzeit reichen zwar in bestimmten Zonen bedeutend tiefer als die Erosion, haben jedoch — großräumig betrachtet — gegenüber den elsterkaltzeitlichen Einwirkungen ebenfalls nur untergeordnete Bedeutung.

Die saalekaltzeitlichen Eisrandlagen sind in Ostbrandenburg bis jetzt unbekannt. Im Gegensatz zu den Vorstellungen früherer Autoren (K. KEILHACK 1921, P. WOLDSTEDT 1935 u. a.) stellen die Rauenschen Berge bei Fürstenwalde, die Höhen von Fünfeichen sowie gewisse Teile im Zuge der Eisrandlage des Frankfurter Stadiums weichselkaltzeitlich überfahrene und überprägte Reste saalekaltzeitlicher Endmoränen dar. Aus glazigenen Dislokationen und aus Geschiebelängsachsenmessungen wird auf eine von NW nach SE gerichtete saalekaltzeitliche Haupteisbewegung im Untersuchungsgebiet geschlossen. Diese Bewegungsrichtung unterscheidet sich von der des Gletschers der Weichselkaltzeit (Bewegung von NE nach SW). Die saalekaltzeitlichen Stauchmoränenreste hatten in der Weichselkaltzeit eine deutliche Strompfeilerwirkung.

Es ist nicht ausgeschlossen, daß die östliche Fortsetzung saalekaltzeitlicher Stauchendmoränen des Flämings in den genannten Stauchmoränenresten in Ostbrandenburg zu suchen ist. Ein Verbindungsstück zwischen dem Fläming und den Stauchmoränenresten in Ostbrandenburg stellen möglicherweise die Krausnicker Berge zwischen Lübben und Märkisch-Buchholz dar. Die stratigraphische Stellung des Niederlausitzer Grenzwalles muß in diesem Zusammenhang neu untersucht werden.

Ergebnisse und Schlußfolgerungen

Geologie des älteren Quartärs

Die Entstehung der tiefen glazialen Hohlformen (verbreitet tiefer als — 150 m NN) wird durch glaziale Erosion erklärt und in die Vorrückphase des ersten pleistozänen Gletschers in Norddeutschland eingestuft. Auswaschungsrückstände auf dem ältesten, manchmal unmittelbar auf Prätertiär gelegenen Geschiebemergel bzw. eine Geröllschicht an der Basis mächtiger Quartärkomplexe beweisen eine Erosionsphase nach Ablagerung der ältesten Grundmoräne. Auf Grund dieser Beobachtung steht der Annahme einer kräftigen Erosionsphase auch vor der Ablagerung der ältesten Moränenbildungen (wahrscheinlich Elsterkaltzeit) nichts im Wege. Der Meeresspiegel muß in dieser Zeit glazialeustatisch tiefer gewesen sein als in den Zeiten maximaler Gletscherausdehnung der folgenden Kaltzeiten. Petrographie und Aufeinanderfolge der Sedimente (Beckenbildungen) in den alten Tälern erinnern an die der „Becken" im Hamburger Gebiet. Lauenburger Ton in Nordwestdeutschland und elsterkaltzeitliche Beckenbildungen in Ostbrandenburg scheinen in einem zusammenhängenden Sedimentationsraum entstanden zu sein.

In Zusammenhang mit dem Nachweis einer kräftigen Erosionsphase nach der elsterkaltzeitlichen Vergletscherung wird die Richtigkeit der derzeitigen stratigraphischen Einstufung der Ablagerungen des „Bautzener" und des „Schmiedeberger Elbelaufes" angezweifelt.

Die Verbreitung holsteinwarmzeitlicher Sedimente lehnt sich stark an die der pelitischen elsterkaltzeitlichen Ablagerungen an. Die „Paludinenbank" dürfte nicht — wie von früheren Autoren angenommen — eine Flußablagerung, sondern eine Ablagerung des Litorals bis Sublitorals holsteinwarmzeitlicher Seen sein.

Im Gegensatz zu bisherigen Vorstellungen stellen n. A. d. Verf. die Rauenschen Berge bei Fürstenwalde, die Höhen von Fünfeichen sowie gewisse Teile im Zuge der Eisrandlage des Frankfurter Stadiums weichselkaltzeitlich überfahrene und überprägte Reste saalekaltzeitlicher Stauchmoränen dar.

Hinweise für die Braunkohlenerkundung und Hydrogeologie

Für Fachgebiete der angewandten Geologie (Braunkohlenerkundung und Hydrogeologie) ergeben sich aus der Lage der Quartärbasis und dem Aufbau des älteren Quartärs einige Schlußfolgerungen. Die eingehende Auswertung der vorliegenden Ergebnisse soll den entsprechenden Spezialisten vorbehalten bleiben.

Nach den Tiefenlinien der Quartärbasis läßt sich feststellen, daß in verschiedenen Gebieten bestimmte Braunkohlenflöze nicht mehr vorhanden sein können, weil sie der quartären Abtragung zum Opfer gefallen sind. Der in Ostbrandenburg weit verbreitete 2. Lausitzer Flözhorizont ist in den Gebieten, in denen die Quartärbasis tiefer als — 50 m NN liegt, nicht mehr vorhanden. Etwa südlich der Linie Wilhelm-Pieck-Stadt Guben—Lieberose—Groß Leuthen liegt der Flözhorizont so hoch, daß er schon in den Gebieten mit tiefer als $\pm$ 0 m NN liegender Quartärbasis abgetragen ist. Entsprechende Schlußfolgerungen können auch für die älteren, im bearbeiteten Gebiet auftretenden Braunkohlenflöze gezogen werden.

In der hydrogeologischen Erkundung wird infolge des steigenden Bedarfs an Brauch- und Trinkwasser die Aufmerksamkeit immer mehr auf tiefliegende, meist ältere quartäre Ablagerungen gelenkt. Nach den vorliegenden Ergebnissen sind die Aussichten, aus in großen Tiefen lagernden quartären Ablagerungen größere Wassermengen zu gewinnen, nur sehr gering.

Die verschiedentlich an der Basis der altpleistozänen Talungen angetroffenen Sande sind von den Bildungen des Prätertiärs meist nicht durch undurchlässige Sedimente getrennt. Sie stehen mit den in Klüften der prätertiären Schichtenfolge zirkulierenden Wässern in Verbindung und sind deshalb reich an Chloriden. Die im Hangenden folgende, bis zu 150 m mächtige kaltzeitliche Folge von Ton, Schluff und schluffigem Feinsand scheidet für eine Gewinnung von Wasser praktisch ganz aus. Das gleiche gilt für die Bildungen der Holsteinwarmzeit. Erst im Hangenden der warmzeitlichen Ablagerungen, d. h. bei glazigen ungestörten Verhältnissen über etwa $\pm$ 0 m NN, treten häufig gröbere Sande auf.

In nördlichen Teilgebieten ist die mächtige elsterkaltzeitliche und holsteinwarmzeitliche Beckenserie durch Geschiebemergel ersetzt. Die gelegentlich eingeschalteten geringmächtigen Sandschichten sind nicht horizontbeständig und wahrscheinlich nur wenig ausgedehnt. Da sie ferner mit der Oberfläche hydraulisch kaum zusammenhängen dürften, scheiden auch sie für eine Gewinnung größerer Wassermengen aus.

Zusammenfassung

Es wird eine Isobathenkarte der Quartärbasis für Gebiete Ostbrandenburgs vorgelegt und auf deren Bedeutung für die Erforschung des älteren Quartärs sowie für Fachgebiete der angewandten Geologie hingewiesen. Die Ergebnisse von Bohrungen und Geländebeobachtungen vermitteln neue Erkenntnisse zur Stratigraphie, Paläogeographie und glazigenen Dynamik im älteren Quartär. Aus der Isobathenkarte und dem Aufbau des älteren Quartärs können für die Arbeiten der Braunkohlenerkundung und Hydrogeologie praktische Schlußfolgerungen gezogen werden.

Резюме

Предлагается карта изобатов четвертичных отложений восточного Бранденбурга и указывается на ее значение для изучения древних четвертичных отложений и для отраслей прикладной геологии. Результаты бурения и рекогносцировки территории дают новые познания о стратиграфии, палеогеографии и о гляциальной динамике древних четвертичных отложений. На основании карты изобатов и строения древних четвертичных отложений можно сделать практические заключения для работ по разведке угля и грунтовых вод.

Summary

A map presented of submarine contours of the Quaternary basis for regions of East Brandenburg shows their importance to the investigation of the earlier Quaternary and special fields of applied geology. New knowledge of the stratigraphic geology, paleogeography and glacigenic dynamics in the earlier Quaternary is revealed by results of drillings and observations of the ground. From the map of submarine contours and the structure of the earlier Quaternary practical conclusions may be drawn for the exploration of brown-coals and hydrogeology.

Literatur

BERGMANN, E.: Über den tieferen Untergrund Brandenburgs. – „Die Erde", Z. Ges. Erdk., H. 1, Berlin 1955.

CROMMELIN, R. D.: Über den Einfluß der nord- und mitteldeutschen Flüsse auf das ältere Pleistozän der Niederlande. – Mitt. geol. Staatsinst. Hamburg 23, Hamburg 1954.

DIEBEL, L.: Ergebnisse der mikropaläontologischen Untersuchungen der Bohrungen Nennhausen I/55, II/55 und IV/55. – Unveröff., Zentralarchiv Staatl. Geol. Komm., Berlin 1958.

ERD, K.: Paläobotanische Ergebnisse im Quartär (hauptsächlich Brandenburgs) und deren Anwendung für die Stratigraphie. – Unveröff., Zentralarchiv Staatl. Geol. Komm., Berlin 1963.

GENIESER, K.: Ehemalige Elbeläufe in der Lausitz. – Geologie, **4**, Berlin 1955.

– Neue Daten zur Flußgeschichte der Elbe. – Z. Eiszeitalter u. Gegenwart, **13**, Öhringen 1962.

GLÜCK, H.: Süßwasserflora Mitteleuropas, H. 15: Pteridophyten und Phanerogamen. – G. Fischer-Verlag, Jena 1936.

GRIPP, K.: Mindel-Vereisung und störzeitlicher Meeresspiegel. – Meyniana, Bd. 5, Kiel 1956.

GROSSER, P., & M. HANNEMANN: Ein neues Interglazialvorkommen im Raum Fünfeichen westlich Fürstenberg/Oder. – Vorläufige Mitteilung, Geologie, **9**, H. 3, Berlin 1960.

HANNEMANN, M.: Erläuterungen zur geologischen Karte Blatt Fünfeichen – Fürstenberg (3853 u. 3854). – Unveröff., Zentralarchiv Staatl. Geol. Komm., Berlin 1961.

– in MUSSTOPF, R., & R. TESSIN: Zwischenbericht Ostbrandenburg und angrenzende Gebiete. – Unveröff., Zentralarchiv Staatl. Geol. Komm., Berlin 1963.

HANNEMANN, M., & F. MAUDREI: Bericht über die Reise in die Volksrepublik Polen vom 12.–25. 9. 1962. – Unveröff., Zentralarchiv Staatl. Geol. Komm., Berlin 1962.

HANNEMANN, M., & H. RADTKE: Frühglaziale Ausräumungszonen in Südostbrandenburg. Neue Ergebnisse zur Paläogeographie und Stratigraphie des Quartärs. – Z. angew. Geol., H. 2, Berlin 1961.

HECK, H. L.: Zur Fossilführung der Berliner Paludinenschichten, ihre Beschaffenheit und Verbreitung. – Z. deutsch. geol. Ges. **82**, Stuttgart 1930.

– Glaziale und glaziäre Zyklen. – Geologie, **10**, H. 4/5, Berlin 1961.

– Zur Unterfläche des Quartärs in Mecklenburg. – Ber. geol. Ges. DDR, H. 5/6, Berlin 1963.

HUCKE, K.: Weitere Vorkommen der Paludinenbank im Osten von Berlin. – Z. Geschiebeforschung, Bd. **17**, Leipzig 1941.

KEILHACK, K.: Geologische Karte der Provinz Brandenburg 1:500000. – Herausg. preuß. geol. Landesanst., Berlin 1921.

KOCH, E.: Die prädiluviale Auflagerungsfläche unter Hamburg und Umgebung. – Mitt. Min.-Geol. Staatsinstitut, H. VI, Hamburg 1924.

– Vom Untergrund Hamburgs. – Mitt. Geol. Staatsinstitut Hamburg, H. 23, Hamburg 1954.

KÖLBEL, F.: Das Prätertiär von Südbrandenburg. – Geologie, **11**, H. 10, Berlin 1962.

MAARLEVELD, G. C.: Über fluviatile Kiese in Nordwestdeutschland. – Eiszeitalter und Gegenwart, 4/5, Öhringen 1954.

MIELECKE, W.: Über den „Septarienton" von Nennhausen bei Rathenow. – Z. angew. Geol., **4**, H. 8, Berlin 1958.

RADTKE, H.: Neue geologische Ergebnisse aus dem Hinterland des Muskauer Faltenbogens. – Z. angew. Geol., **7**, H. 10, Berlin 1961.

SCHMIERER, T.: Beitrag zur Kenntnis des faunistischen und floristischen Inhalts der Berliner Paludinenbank. – Z. deutsch. geol. Ges., **74**, Stuttgart 1922.

SCHUBERT, G.: Zur Altersfrage des „Bautzener Elbelaufes". – Geologie, **12**, H. 7, Berlin 1963.

SCHWARZENHOLZ, W.: Berichte über die Untersuchung auf Diatomeen aus den Bohrungen in Nennhausen: Bhg. I/55 vom 22. 5. 55, II/55 vom 1. 2. 57 und IV/55 vom 12. 6. 57. – Unveröff., Archiv Staatl. Geol. Komm., Berlin 1955 u. 1957.

SZAFER, E.: Pleistocene stratigraphy of Poland from the floristical point of view. – Rocz. Pol. Tow. Geol., 22, Kraków 1953.

TRIEBEL, E.: Die ersten Ostracoden aus der Paludinenbank. – Z. Geschiebeforschung, **17**, Leipzig 1941.

WOLDSTEDT, P.: Geologisch-morphologische Übersichtskarte des norddeutschen Vereisungsgebietes. – Herausgeg. preuß. geol. Landesanst., Berlin 1935.

Zeitschrift für angewandte Geologie, Bd. 10 (1964) Heft 7

Aufgaben der Lehre vom Aufsuchen und von der Erkundung der Lagerstätten mineralischer Rohstoffe[1])

M. T. SAMSONOW, Karaganda

Die Lehre vom Aufsuchen und von der Erkundung mineralischer Rohstoffe, d. h. die theoretische Begründung und die praktische Anwendung der besten und wirksamsten Erkundungsmethoden, hat gegenwärtig unter den anderen geologischen Fachsparten die größte Bedeutung. Von diesem Standpunkt aus sollten unserer Ansicht nach die Grundthesen, die von W. M. KREJTER in seinem Aufsatz[2]) aufgestellt wurden, betrachtet werden.

Wir sind der Meinung, daß die von W. M. KREJTER aufgeworfenen Fragen aktuell sind und das Wesen des Problems widerspiegeln. Sie gehen weit über die Grenzen einer Überprüfung der Lehrpläne an den Hoch- und mittleren Fachschulen für den Kursus „Geologie und Erkundung von Lagerstätten mineralischer Rohstoffe" hinaus, obwohl auch diese Frage bei der Ausbildung und Qualifizierung junger Geologen von großer Bedeutung ist.

Die Aktualität der vom XXII. Parteitag der KPdSU den Erkundungsgeologen gestellten Aufgaben und die im Zusammenhang hiermit von W. M. KREJTER aufgeworfenen Fragen nach der Weiterentwicklung der Wissenschaft vom Aufsuchen und von der Erkundung von Lagerstätten mineralischer Rohstoffe wird durch Unterlagen aus der Kohlenlagerstättenerkundung hinreichend illustriert. Bei der Verbesserung bestehender und der Ermittlung neuer wirksamerer Erkundungsmethoden für Kohlenlagerstätten wurden in den letzten zehn Jahren bestimmte Erfolge erzielt.

Im Kohlenbecken von Karaganda beispielsweise haben die Kohleerkundungsgeologen bereits seit 1951/1952 außer der Befolgung der entsprechenden Instruktionen der Staatlichen Vorratskommission die Lösung einiger Fragen der Erkundungsmethodik schöpferisch in Angriff genommen. Es wurden Bemusterungsmethoden zur Feststellung von Gas entwickelt, die Gasführung von Schichtpaketen in Bohrungen untersucht und der mögliche Gasanfall in Schächten prognostisch berechnet. Diese Methoden haben in der Praxis Anwendung gefunden. Des weiteren wurden Feld- und Laboruntersuchungen der physikomechanischen Eigenschaften der Nebengesteine und der Kohlenoxydation durchgeführt und die Verwitterungszone an den Flözausbissen bestimmt. Methoden zur Bestimmung freier Kieselsäure — die Ursache der Silikosegefahr — und der Explosionsfähigkeit des Kohlenstaubs wurden nutzbringend angewendet. In großem Umfang wurden geophysikalische Bohrlochmeßmethoden, verbunden mit seitlicher Kernentnahme, und andere Verfahren angewandt, die den Gesamtkomplex der Erkundungsmethodik für Kohle bereicherten. All dies wirkte sich auf die Lösung einer Reihe von Aufgaben bei der geologisch-industriellen Einschätzung von Grubenfeldern und bei der Projektierung von Bergbaubetrieben positiv aus.

Die Fragen der Erkundungsmethodik und der geologisch-ökonomischen Einschätzung haben jedoch unserer Meinung nach bisher keine ausreichend tiefgreifende theoretische Begründung erfahren. Es gibt keine eindeutigen, ausgearbeiteten Parameter, die den Nutzeffekt der einzelnen Erkundungsarbeiten bestimmen und die ökonomische Abhängigkeit der Ergebnisse bei deren Anwendung festlegen. Offenbar entstehen lediglich aus diesem Grunde in der Erkundungspraxis von Kohlenlagerstätten wesentliche Mängel im Hinblick auf die Erkundungsmethoden und die geologisch-ökonomische Einschätzung der Reviere. Hierzu einige Beispiele:

1. Unter den Geologen, die Kohlenerkundung betreiben, war seit 1950/1952 offiziell der Terminus „Nacherkundung von Grubenfeldern" gebräuchlich. Sein Sinn bestand darin, daß sich die in einem Grubenfeld durchgeführten Erkundungsarbeiten mit anschließender Bestätigung der Vorräte durch die Staatliche Vorratskommission in der Folgezeit — nach der verspäteten geologisch-industriellen Einschätzung oder bei Anfang der Grubenprojektierung — als ungenügend erwiesen. Der Feldesteil wurde erneut und manchmal mehrmals erkundet mit Aufwendungen, welche die der eigentlichen Erkundung erheblich überstiegen. Auf Grund der Ergebnisse jeder Nacherkundung wurden die Vorräte des Grubenfeldes von der Staatlichen Vorratskommission überprüft und oft in niedrigere Klassen eingestuft. Auf den Grubenfeldern 111—116 mußten nach einer routinemäßigen Nacherkundung im Jahre 1959 und entsprechender Neuberechnung der Vorräte diese in Höhe von ca. 300 Mill. t aus den Bilanz- in Außerbilanzvorräte übergeführt werden.

Eine klassenmäßige Herabstufung der Vorräte nach der Nacherkundung erfolgte auf den Grubenfeldern 104, 105 und 106 des Saraner Feldesteils, 5, 2 und 44 des Tschurubai-Nuraer Feldesteils und vielen anderen.

Die permanente Nacherkundung der Grubenfelder ist eine weit verbreitete Erscheinung im Donez-, Kusnezk-, Karaganda- und anderen Becken. Dies ist offenbar hauptsächlich damit zu erklären, daß bis jetzt eine theoretisch begründete und von allen interessierten Stellen akzeptierte Erkundungsmethodik und geologisch-industrielle Einschätzung der Grubenfelder fehlten, mit der kostspielige Nacherkundungen überflüssig werden.

2. Alle bei der Vor- und der eingehenden Erkundung wie auch bei den folgenden mehrfachen Nacherkundungen auf einem Grubenfeld angesetzten Bohrungen werden mit Kernentnahmen niedergebracht, jede Bohrung bemustert und Hunderte von chemischen Analysen für jedes Kohlenflöz im Bereich des Grubenfeldes ausgeführt. Dabei läßt sich unschwer feststellen, daß die Veränderlichkeit der Qualitätseigenschaften der Kohle (Asche, flüchtige Bestandteile, Feuchtigkeit, Verbrennungswärme) und des Flözaufbaus im Bereich eines Grubenfeldes sehr unbedeutend ist, d. h., daß keines-

---

[1]) Aus: „Iswestija wysschich utschebnych sawedenij" — „Geologija raswedka". — Moskau 1963, H. 4, S. 148—150. Übers.: W. MEYER.
[2]) Z. angew. Geol., 8, H. 9, 449—453, Berlin 1962

wegs ein solch dichtes Flözbemusterungsnetz und erst recht nicht so viele Analysen notwendig sind.

3. Bei der eingehenden Erkundung von Kohlenflözen der Tentek-Folge, die im oberen Profilteil der Karbonablagerungen des Karaganda-Beckens liegen, sind die Bilanzvorräte der Steinkohlensorten PSh, GK und G[3]) mit 491 Mill. t berechnet worden; und erst danach wurde erkannt, daß die Kohlenflöze der Tentek-Folge mit Ausnahme der Flöze m_1–m_3 infolge ihres komplizierten Aufbaus und ihres relativ hohen Aschegehalts ohne volkswirtschaftliche Bedeutung sind. Ähnlich lagen die Dinge seinerzeit bei der Erkundung der Grubenfelder 137 und 138 auf dem Alabaser Feldesteil u. a.

Somit hat eine der Hauptthesen der Wissenschaft vom Aufsuchen und von der Erkundung, d. h. die geologisch-ökonomische Einschätzung der Lagerstätten mineralischer Rohstoffe nach einem bestimmten Erkundungsstadium, in einer Reihe von Fällen noch keine schöpferische Anwendung gefunden.

4. Jedes große Kohlenbecken, das zu Rand- oder Innensenken von Geosynklinalgebieten gehört, wie z. B. das Donez-, Kusnezk- und Karaganda-Becken, ist in sich in mehrere Bezirke geteilt. Sie unterscheiden sich durch verschiedenen geologischen Aufbau. Ein differenziertes Herangehen zur Lösung der Fragen ist daher bei der Methodik der Erkundung, der Bemusterung, dem Fixieren tektonischer Störungen, der Auswaschungszonen, der Tiefe der Oxydationszone und der anderen Eigenschaften erforderlich und folglich auch eine unterschiedliche Dichte des Erkundungsnetzes und der Aufwendungen. Dennoch verfügen bis heute die Erkundungsgeologen, zumindest im Karaganda-Becken, über keine ausreichend verallgemeinerte, theoretisch fundierte Methodik, die den Nutzeffekt der Erkundung und die Zuverlässigkeit der geologischen Unterlagen in den Bezirken mit unterschiedlichem geologischem Aufbau erhöhen würde. Nicht herausgearbeitet sind z. B. genetische und morphologische Merkmale geologischer Erscheinungen sowie die ermittelten Gesetzmäßigkeiten einzelner Eigenschaften der mineralischen Rohstoffe, die in neuen Feldern für Prognosen verwendet werden könnten. Eine Reihe wertvoller Empfehlungen liegt in der Fachpresse verstreut vor und kann daher nicht voll zur Bestimmung des Nutzeffekts der Erkundungsmethoden ausgewertet werden.

Die Meinung einiger Geologen, daß in den Fragen der Erkundungsmethodik völlige Klarheit herrsche, ist irrig und entspricht nicht dem Sinn des Programms der KPdSU. Ohne die bekannten Erfolge in der Geologie zu schmälern, weisen die angeführten Beispiele darauf hin, daß die Erkundungsmethoden und die geologisch-industrielle Einschätzung der Kohlenlagerstätten wissenschaftlich begründet und weiter vervollkommnet werden müssen. Da man gegenwärtig zur Erkundung relativ tiefer Horizonte übergeht, wäre es zweckmäßig, für jedes große Kohlenbecken bzw. für jeden genetischen Typ, der mehrere Becken umschließt, die gewonnenen Erfahrungen zusammenzufassen und die Hauptgrundlagen der Such- und Erkundungsmethodik, der geologisch-ökonomischen Einschätzung der Lagerstätten bzw. der Gruppen von Grubenfeldern (der geologisch-ökonomischen Bezirke des Beckens) herauszuarbeiten. Das wäre ein großer Beitrag zur Verbesserung und weiteren Vervollkommnung der Erkundungsmethoden für die Lagerstätten mineralischer Rohstoffe. Übrigens ist die nach der Vorstellung einiger Stellen angenommene günstige Situation hinsichtlich vorhandener, eingehend erkundeter Vorräte und Reservegrubenfelder (Feldesteile) für die Projektierung und den Bau in erheblichem Maße falsch.

Es ist ferner notwendig geworden, die geologische und betriebliche Tätigkeit wie auch die Finanzierung geologischer Erkundungsarbeiten nach dem Nutzeffekt der eingesetzten ökonomischen Mittel und angewandten Erkundungsmethoden zu beurteilen. Eine Variante könnte vielleicht ein solches Verfahren sein, bei dem die Staatsbank die Abrechnungen mit den geologischen Erkundungsstellen für eine bestimmte Produktion nach dem Vorratszuwachs industrieller Kategorien bzw. nach der Vorbereitung für die Projektierung und den Bau eines Bergbaubetriebs in einem Grubenfeld vornimmt und nicht nach Erkundungsbohrmetern; denn diese können kein Maßstab für die Arbeit eines geologischen Erkundungskollektivs sein. Der physische Umfang der geologischen Erkundungsarbeiten (mechanisches Kernbohren, bergmännische Arbeiten, Bemusterung u. a.) wird in diesem Falle nur eines der Elemente sein, aus denen sich die Gesamtaufwendungen je Produktionseinheit (Vorräte hoher Kategorien u. ä.) zusammensetzen. Er könnte ferner als Einheit der Bewertung der Arbeit und damit des Lohns für die Leistungslöhner im Rahmen der bestätigten Sätze für bestimmte Produktionsarten dienen. Bei Einführung einer solchen oder ähnlichen Ordnung wird man zwangsläufig neue, wirksamere Erkundungsmethoden gewinnen.

Die Einführung einer solchen Maßnahme ruft zweifellos eine Reihe von Schwierigkeiten in der Finanzierung für die geologischen Erkundungsorgane hervor. Es besteht aber kein Zweifel, daß dies den im Programm der KPdSU gestellten Aufgaben entsprechen würde.

Da die Vervollkommnung der bestehenden und die Ermittlung neuer, wirksamerer Such- und Erkundungsmethoden und ihre praktische Anwendung von den Ausführenden — den Chef- und Obergeologen — abhängig sind, wäre es zweckmäßig, an den geologischen Instituten bzw. geologischen Fakultäten langfristige (bis zu einem Jahr) Qualifizierungskurse über die wichtigsten Fragen der Lehre vom Aufsuchen und von der Erkundung von Lagerstätten mineralischer Rohstoffe einzurichten. Dies würde es gestatten, die leitenden Kader der Erkundungsorgane zu schulen und gleichzeitig konkret die Arbeit auf diesem Gebiet weiter zu verbessern.

Die Perspektiven der geologischen Wissenschaft vom Aufsuchen und von der Erkundung von Lagerstätten mineralischer Rohstoffe können im Lichte der Beschlüsse des XXII. Parteitages der KPdSU kaum überschätzt werden. Im Zusammenhang hiermit halten wir es für unumgänglich notwendig, eine Fachzeitschrift herauszubringen, die Probleme, theoretische Begründungen, praktische Aufgaben, Erfahrungen und andere Fragen behandeln müßte, die mit der Lehre von den Such- und Erkundungsmethoden für Lagerstätten mineralischer Rohstoffe zusammenhängen. Mit der

---

[3]) PSh = Kesselfettkohle; GK = Gaskokskohle; G = Gaskohle

Herausgabe einer solchen Unionszeitschrift wäre zweckmäßigerweise die Akademie der Wissenschaften der UdSSR oder eines ihrer Institute, die sich mit diesen Fragen befassen, zu betrauen. Bei den wissenschaftlichen geologischen und Bergbauinstituten der Akademien der Wissenschaften in den Republiken müßten Sektoren geschaffen werden, die mit der Untersuchung der betreffenden Probleme zu beauftragen wären.

Über die Qualität von Buntmetallerzen und die Rentabilität der Produktion

(Ein Diskussionsbeitrag zum Aufsatz von B. F. NOWOSHILOW, Moskau; Z. angew. Geol., **10**, H. 3, Berlin 1964)

H. WINTERHOFF & P. SEIDELMANN, Freiberg (Sa.)

Die in dem Aufsatz von NOWOSHILOW behandelten Probleme lassen sich um eine Kernfrage gruppieren: Welches ist der beste Kompromiß zwischen dem Bestreben, den Metallgehalt im Fördererz zum Zwecke einer Kostenermäßigung für das ausgebrachte Metall zu erhöhen und der Forderung, die Vorräte maximal zu nutzen und die Lebensdauer der Gruben zu verlängern, der durch Senkung des Fördererzgehaltes entsprochen werden kann?

Sicherlich ist nach Maßgabe der ökonomischen Struktur des Landes und in Abhängigkeit vom (in- und ausländischen) Bedarf an dem betreffenden Metall nur e i n Fördererzgehalt der optimale. Ein Überschreiten des Optimalgehaltes bringt Vorteile für den Augenblick, schmälert aber die Rohstoffbasis von morgen, u. a. deshalb, weil stehengelassene ärmere Erzpartien unwiederbringlich verloren sein können, wenn das Grubengebäude zunächst auf den Abbau der reicheren Partien zugeschnitten wird. Bleibt man dagegen unter diesem Optimalgehalt, so fügt man der Volkswirtschaft, wie NOWOSHILOW an Beispielen zeigt, Schaden zu. Dieser besteht vermutlich weniger im Zuwachs der Kosten für das ausgebrachte Metall und in der Verschlechterung auch all der übrigen technisch-ökonomischen Kennziffern des Betriebes, die NOWOSHILOW so hervorhebt, als in der Unmöglichkeit, den Metallbedarf bei festliegender Durchsatzkapazität (für Erz!) der schon bestehenden Gruben, Aufbereitungs- und Verhüttungsanlagen in gleichbleibendem Umfang zu decken.

Hierbei ist natürlich unterstellt, daß die Kapazität dieser Anlagen im ganzen Land oder im Rahmen der gesamten zu betrachtenden Ländergruppe vorher schon völlig ausgelastet war.

Sofern Kapazitätserweiterungen nicht vorgenommen werden, kann es dann bei einigen Bedarfsträgern zu Produktionsdrosselungen kommen. Zu zeigen, wie groß der Schaden ist, der auf diese Weise entsteht, wäre Aufgabe einer Verflechtungsbilanz. Erst dann kann man abschätzen, was eine Kapazitätserweiterung kosten darf und welches Ausmaß sie haben muß.

Folgendes steht sich gegenüber: auf der einen Seite Mehraufwand für die Kapazitätserweiterung + Mehrkosten je Tonne Metall wegen geringeren Fördererzgehaltes, auf der anderen Seite eine Verlängerung der Grubenlebensdauer bei besserer Nutzung des Metallinhaltes der Lagerstätten, ein Aktivum für die Perspektivbilanz.

Bei den Abschreibungen wird sich infolge Zugangs neuer Anlagewerte im Rahmen der Kapazitätserweiterung aus der verlängerten Lebensdauer keine Kostenverminderung ergeben. Für das Grubengebäude trifft dies genau zu, wenn man die letztlich allein interessierende Kostenbelastung einer Tonne Metall ins Auge faßt: Der Zuwachs an Anlagewerten amortisiert sich über den zusätzlich nutzbar gewordenen Metallinhalt der Lagerstätte.[1]) Daß sich die Abschreibungen auf einen verlängerten Zeitraum verteilen und außerdem auf eine größere Erzmenge, was Kostenermäßigungen je Tonne Erz nach sich zieht, sind für den Endeffekt (Metallkosten!) uninteressante Ergebnisse von Zwischenrechnungen.

Für die Aufbereitungs- und Verhüttungsanlagen ist sogar eine Kostenerhöhung zu erwarten. Physisch verschleißen doch solche Anlagen in direktem Verhältnis zur durchgesetzten Erzmenge und sind daher über die Erzmenge abzuschreiben. Da das Erz aber ärmer ist als vor Senkung des Schwellengehalts, wird die allein entscheidende Kostenbelastung des Metalls höher als vorher. Eine Verlängerung der Betriebsdauer dieser Anlagen wirkt über Abschreibungen nicht kostenermäßigend, weil sie gleichbedeutend ist mit einer Verlängerung des Verschleißvorganges, dem ständig durch Instandhaltungs- und Ersetzungsaufwendungen so weit entgegenzuarbeiten ist, daß die Anlagen ihre Funktionstüchtigkeit behalten. Auszunehmen wäre lediglich der Sonderfall, daß man eventuell erst sehr wenig verschlissene Aggregate hätte außer Dienst setzen müssen, wäre eine Verlängerung der Betriebszeit durch Senkung des Schwellengehaltes nicht möglich gewesen. Da aber auch der umgekehrte Fall denkbar ist, nämlich das Notwendigwerden von Ersatzinvestitionen gerade wegen vorgesehener Verlängerung der Betriebsdauer, die aber wiederum nicht so groß zu sein braucht, daß zum Zeitpunkt der Stillegung auch die Ersatzaggregate gerade verschlissen sind, bleiben die obigen Darlegungen allgemeingültig.

Errechnet man schon bei nichtherabgesetztem Schwellengehalt für die Grube eine Lebensdauer von n Jahren, so wird der Zuwachs an Lebensdauer und ebenfalls der an Bilanzvorräten erst nach Verstreichen dieser n Jahre wirksam. Von diesem etwas weit in der Zukunft liegenden Nutzen für die Volkswirtschaft ergibt sich ein Abstrich aus der Tatsache, daß die gesamte Ausrüstung der metallgewinnenden Industrie (einschließlich der Grubengebäude) nicht nur physisch, sondern auch moralisch verschleißt. Damit erhebt sich die Frage, ob eine Verlängerung der Betriebsdauer solcher Kapazitäten überhaupt wünschenswert ist.

Für diesen daher etwas zweifelhaften, nach n Jahren eintretenden Nutzen soll man also in der unmittelbar bevorstehenden Zeit die Arbeitsproduktivität herabsinken und die Kosten emporschnellen lassen? Das liefe wohl der Entwicklungstendenz der Produktivkräfte vom Niederen zum Höheren zuwider. Wie auch NOWOSHILOW betont, liegen Arbeitsproduktivitätssteigerungen aus verbesserter Ausrüstung und leistungsfähigerer Abbautechnologie sowie aus höherem Ausbringen der Aufbereitung in der Perspektive, sei es in der näheren oder in der ferneren Zeit. Deshalb sollte man die ärmsten Erze am längsten stehenlassen, natürlich insoweit sie dadurch nicht auf ewig verlorengehen.

Sobald die Fortentwicklung der Technologie mit der Verarmung der Erze nicht Schritt halten kann, kommt es freilich doch zu einer Verschlechterung der betrieblichen Kennziffern, u. a. zu einem Wachsen der Metallselbstkosten. Schiebt man das aber durch den Abbau der jeweils reichsten Erze möglichst lange auf, so ist inzwischen folgendes eingetreten: Der gesamte volkswirtschaftliche Organismus ist in dieser Zeit gewachsen und nun besser in der Lage, die höheren Metallkosten hinzunehmen. Das Wachstum der Volkswirtschaft kann sogar beschleunigt worden sein, indem man in allen Gruben des Landes bzw. der Ländergruppe die armen Erze stehenließ, bis die Technologie weitergereift war und der Bergbau auf diese Art mit etwa konstanter Arbeitskräftezahl auskam, was bei vorzeitiger Senkung des Schwellengehaltes wegen der Notwendigkeit einer Kapazitätserweiterung nicht möglich gewesen wäre.

Der Entscheid, entweder heute der Volkswirtschaft durch zusätzlichen Produktionsmittel- und Arbeitskräfteaufwand

[1]) Das Grubengebäude verliert an Gebrauchswert mit der Metallförderung, nicht etwa schlechthin mit dem Abtransport von Erz! Andernfalls müßte man bestreiten, daß das Abfördern einer Tonne Reicherz den Gebrauchswert des Grubengebäudes in stärkerem Maße mindert als das einer Tonne Armerz.

zu schaden oder dem ewigen Verlust von Erzen, die augenblicklich nicht als konditionsgemäß anzusehen sind, zuzustimmen, wenn Zurückstellung für späteren Abbau nicht möglich ist, sollte daher überwiegend so ausfallen wie für den Fall von Dsheskasgan. Insoweit ist NOWOSHILOW zu folgen.

Einige Passagen seines Aufsatzes veranlassen jedoch zu Kritik. Schon auf der ersten Seite läßt er die Meinung durchblicken, daß es ohne weiteres möglich sei, auszurechnen, wieviel an Gewinn jeder für die Erzgewinnung verausgabte Rubel bringt. Das ist doch nur möglich, wenn man den richtigen Abgabepreis kennt! Woher will NOWOSHILOW diesen kennen? Vermutlich nimmt er den von der Plankommission vorgegebenen für den objektiv richtigen. Die Wissenschaft kennt aber bis auf den heutigen Tag keine Methode, nach der man den objektiv richtigen Preis ermitteln könnte, weil es für die Bestimmung des Wertes eines Erzeugnisses nur Näherungsverfahren gibt. Durch Selbstkosten- und Weltmarktpreisanalysen kann man nur den Bereich abschätzen, in dem der richtige Preis liegt, und sich dann zu einer Festsetzung entschließen. Dieser darf man jedoch nicht blind vertrauen. Solange das zutrifft, bleibt jedes Gewinn- bzw. Verlusturteil anfechtbar. Darüber muß man sich im klaren sein.

Mit folgender Meinung dürfte NOWOSHILOW einem Trugschluß verfallen sein: Weil es unter sozialistischen Verhältnissen keine absolute Rente und kein Streben nach mindestens dem Durchschnittsprofit gibt, könnten noch Lagerstätten genutzt werden, die unter kapitalistischen Verhältnissen nicht mehr bauwürdig sein würden. Das sei ein Vorzug der sozialistischen Wirtschaft und eine gewisse Senkung des Metallgehaltes in unseren Fördererzen — verglichen mit dem in der kapitalistischen Welt — sei völlig natürlich. Hier übersieht NOWOSHILOW doch, daß hinter Rente und Profit substantiell ein Mehrprodukt steht!

Rente und Profit sind bekanntlich Mehrwertbestandteile. Wie jeder Wert ist auch der Mehrwert größenmäßig einem Aufwand an gesellschaftlich notwendiger Arbeit proportional. Die Arbeit hat zufolge ihres Doppelcharakters nicht nur eine abstrakte (wertschöpfende), sondern auch eine konkrete Seite, die die Gebrauchswertschaffung verwirklicht. In der metallgewinnenden Industrie kann solcher Gebrauchswert nur Metall sein. Einem Mehrwert entspricht demnach auch ein bestimmter Metallausstoß. Wofür sonst sollte der Metallverkäufer „mehr Wert" auf dem Markte einlösen können, wenn man vom Monopolprofit absieht? Mit steigender Arbeitsproduktivität (z. B. durch Heraufsetzung des Fördererzgehaltes) wächst nach MARX die „Masse" des Mehrwertes. Umgekehrt kann durch willkürliche Senkung des Fördererzgehaltes die Mehrwertmasse zu Null werden, was sich im Fehlen eines Mehrproduktes (eines Metallmehrausstoßes) äußert. Denn nicht überall, wo lebendige Arbeit tätig ist, wird Mehrwert geschaffen, sondern nur insoweit, als die lebendige Arbeit „gesellschaftlicher Notwendigkeit" entsprechend über die Volkswirtschaftszweige verteilt ist. Übermäßige Senkungen des Fördererzgehaltes können aber aus dem Bereich der gesellschaftlich anerkannten Notwendigkeit hinausführen!

Es ist doch nicht „völlig natürlich", unter sozialistischen Bedingungen auf dieses Mehrprodukt zu verzichten, sei es auch nur auf Teile desselben! Es ist falsch, etwa zu meinen, Fehlen von Mehrwert (im Kapitalismus Rente, Profit und Zins) und Vorhandensein eines (substantiellen) Mehrproduktes (zusätzlichen Metalls) seien miteinander vereinbar! Man geht ferner fehl, wenn man glaubt, dieser Mehrwert oder ein Teil davon könne von einem anderen Wirtschaftszweig miterarbeitet werden! Denn über alle Verflechtungsbeziehungen hinweg entstünde für diese Mehrproduktion ein Mehrbedarf an Metall und dieser kann gerade dann nicht gedeckt werden, wenn man im Erzbergbau auf das verzichtet, was im Kapitalismus hinter dem Profit steht: ein Metall-Mehrausstoß, der bei vorgegebener Gewinnungs-, Aufbereitungs- und Verhüttungskapazität um so größer ist, je höher man den Schwellengehalt ansetzt. Wie sich diese Zusammenhänge finanziell widerspiegeln, ist eine andere Frage. Selbstverständlich kann man unter Einhaltung des optimalen Fördererzgehaltes den Abgabepreis für das Metall so niedrig ansetzen, daß ein Mehrprodukt scheinbar, d. h., in finanzieller Sicht, nicht entsteht. In Wahrheit entsteht es doch, nur wird in anderen Zweigen das Mehrprodukt finanziell zu hoch ausgewiesen. Senkt man den Fördererzgehalt, so entsteht auch substantiell kein Mehrprodukt, jedoch erzwingen dabei entstehende Deckungslücken Kapazitätserweiterungen, die substantiell aus dem Mehrprodukt anderer Zweige bestritten werden (aber nicht aus irgendwie zusätzlich erarbeitetem) und jene — und damit das gesamte ökonomische System — am Wachsen hindern. Oft wird nicht beachtet, daß das Mehrprodukt einer Volkswirtschaft „zusammensetzbar" sein muß, d. h., die Mehrerzeugnisse müssen sich zu vollständigen Produktionsmittelsätzen komplettieren lassen, wenn erweiterte Reproduktion möglich sein soll. Ein bei einem Zweig der Abteilung I ausfallendes Mehrprodukt kann im Hinblick auf die erweiterte Reproduktion von keinem anderen Zweig miterarbeitet werden. Zwischen Sozialismus und Kapitalismus besteht bezüglich dieser Zusammenhänge kein Unterschied. Demnach besteht für eine sozialistische Wirtschaft der „Vorzug" nicht, auf ein Mehrprodukt im Erzbergbau verzichten zu können. NOWOSHILOW hält es ja auch für ungesund, daß man sich in der Sowjetunion zufriedengibt, wenn eine Tonne polymetallischen Erzes 40 bis 85 kg Metall bringt, während man in der kapitalistischen Welt mit 90 bis 250 kg rechnet. Offenläßt er die Frage, inwieweit das schon mehr ist als der Verzicht auf Rente und Durchschnittsprofit.

Die Forderung NOWOSHILOWs, das Planungs- und Prämiierungssystem auf die Gewinnung einer bestimmten Metall- statt einer bestimmten Erzmenge auszurichten, ist auch für die DDR zu unterstützen.

Auch unter unseren Verhältnissen ist die Hereingewinnung von Außerbilanzvorräten als schädlich zu betrachten und möglichst weit einzuschränken. Ehe man diese Empfehlung befolgen kann, muß man aber wissen, wo die Grenze zwischen Bilanz- und Außerbilanzvorräten zu ziehen ist, d. h., wie man sie festlegen kann. Darüber schweigt sich NOWOSHILOW aus. Vermutlich genügt es ihm ebenso wie beim Abgabepreis, wenn diese Grenze von der Plankommission vorgegeben ist. Damit ist aber die Frage, wie man zu solch einer Grenzfestlegung kommt, noch nicht geklärt. Es ist dies das Konditionsproblem. Die Tatsache, daß es in einigen Ländern des sozialistischen Lagers für eine Reihe von Rohstoffen schon Konditionsfestlegungen gibt, darf nicht darüber hinwegtäuschen, daß man auf diesem Gebiet zur Zeit noch mehr meint als weiß. Die Ursache ist letztlich darin zu sehen, daß derart fundamentale ökonomische Problemkreise wie Wert, Preis, Proportionalität zwischen den Zweigen usw. quantitativ zur Zeit noch nicht genügend durchdrungen sind.

LEWITZKI, A. S.

Einige Untersuchungen des Vibrationsbohrprozesses[1])

Referiert von M. EICHHORN, Gommern

Der Autor gliedert seinen Artikel in 6 Abschnitte und geht im ersten Abschnitt auf die weite Verbreitung der Vibrationsbohrmethode beim Abteufen flacher Bohrungen während der letzten Jahre ein. Es wird festgestellt, daß die weitere Entwicklung der Vibrationsmethode mit der Erhöhung der Effektivität bei der Ausnutzung der Leistung der Oberflächenvibratoren, der Schaffung arbeitsfähiger Sohlenvibratoren und der Erarbeitung von kombinierten Bohrmethoden verbunden ist. Der größte Effekt des Vibrationsbohrens hängt von bestimmten Kombinationen regulierbarer und nichtregulierbarer Faktoren ab, d. h., daß bei der Auswahl des Arbeitsregimes des Sohlenvibrators die Bohrlochbedingungen berücksichtigt werden müssen.

Der zweite Abschnitt behandelt experimentelle Untersuchungen der Arbeit des Gestängestrangs unter den Be-

[1]) Aus: „Geologie und Erkundung". Ausgabe des Moskauer Instituts für geologische Erkundung, H. 1, Moskau 1963.

dingungen von Longitudinalschwingungen. Dabei wurden die Schwingungen am oberen Ende des Gestängestrangs bei der Verwendung des Vibrators W—500 durch einen Oszillographen aufgenommen und aufgezeichnet. Es wurde festgestellt, daß nach jedem Stoßimpuls der Gestängestrang unbedeutende gedämpfte Schwingungen vollzieht. Wenn die Rotationsgeschwindigkeit der Schwingmassen 1300 bis 1400 U min^{-1} nicht überschreitet, kann der Strang in den Pausen zwischen den Stößen in den Ruhezustand übergehen.

Es erfolgt eine Dämpfung der dabei entstehenden Eigenschwingungen des Gestänges, deren Intensität durch ein logarithmisches Dekrement charakterisiert wird.

Der Autor führt die Berechnungsformeln für die Widerstandsbeiwerte und Eigenschwingungsfrequenzen an und stellt ihre Größe für Gestänge mit einem Durchmesser von 60 mm als Funktion der Teufe in Schaubildern dar. Aus diesen Schaubildern folgt, daß sich die Eigenschwingungsfrequenz des Gestängestrangs für alle Gesteine mit zunehmender Teufe verringert, jedoch sind für den Fall von plastischen Gesteinen die Frequenzen niedriger als für sandige Gesteine. In Schwimmsanden und in viskosen plastischen Tonen beobachtet man eine intensive Dämpfung der freien Schwingungen. Der Autor führt eine Formel zur Berechnung der Eigenschwingungsfrequenzen an und stellt die mit Hilfe dieser Formel errechneten Werte den gemessenen Eigenschwingungsfrequenzen gegenüber. Die Gegenüberstellung dieser Werte zeigt, daß in allen Fällen die Praxis geringere Eigenschwingungsfrequenzen ergibt und für verschiedene Gesteine die beobachtete Frequenzsenkung verschieden ist, für sandige geringer und für plastische größer.

Im dritten Abschnitt werden die Prüfstandteste der Vibratoren beschrieben. Die Prüfstandteste des Vibrators W—500 wurden mit dem Ziel durchgeführt, den Energieverbrauch bei verschiedenen Regimen unter stationären Bedingungen zu studieren, bei denen die Möglichkeit der Stabilisierung der Arbeitsparameter des Mechanismus besteht. Mit Hilfe von Übergängen verschiedener Konstruktion wurde der Vibrator in drei Regimen getestet, im Vibrationsregime, im Regime des federlosen Vibrohammers und im Regime des gefederten Vibrohammers. Es erfolgt eine Beschreibung der Ausrüstung des Prüfstandes mit Kontroll- und Meßgeräten. Das Meßsystem gestattete die Bestimmung der verbrauchten Leistung, der Stromstärke in den Phasen des Elektromotors, der Rotationsgeschwindigkeit der Schwingmassen, der Amplitude und Frequenz der Schwingungen oder des Charakters der Arbeit des Vibrators und der Phasenverschiebung. Die Gesetzmäßigkeiten der Abhängigkeit des Leistungsverbrauchs von der Phasenverschiebung finden sich in einer graphischen Darstellung. Die Teste des Vibrators W—500 unter verschiedenen Bedingungen gestatten die Feststellung, daß der größte Leistungsverbrauch bei der Arbeit im Vibratorregime und der geringste bei der Arbeit im Regime des gefederten Vibrohammers entsteht.

Der nächste Abschnitt behandelt die Bohrfelduntersuchungen des federlosen Vibrohammers W—500.

In Abhängigkeit von der Rotationsgeschwindigkeit der Schwingmassen kann man bei der Arbeit des federlosen Vibrohammers zwei sich stark voneinander unterscheidende Regime beobachten, ein bedingtes Vibrationsregime und ein Stoßregime, bei dem zwischen den Stoßimpulsen auf dem Diagramm ein Gebiet des unbeweglichen Zustands des Gestängestrangs erscheint. Der Autor führt in diesem Abschnitt eine Berechnungsformel für die Resonanzfrequenzen an. In einer Tabelle sind die Bohrfähigkeiten der Gesteine bei verschiedenen Bohrregimen zusammengestellt. Die Gegenüberstellung der Bohrfähigkeit bei zwei Regimen ermöglicht die Lokalisierung der Gebiete mit der größten Effektivität.

Im 5. Abschnitt wird die Auswahl der Arbeitsparameter des federlosen Vibrohammers W—500 behandelt.

Im letzten Abschnitt geht der Autor auf die Regulierung der Arbeit des Vibrators ein. Es wird die Notwendigkeit der Regulierung der Arbeit des Vibrators betont. Die Regulierung der im Bohrfeld eingesetzten Vibratoren mit starr eingestellten Schwingmassen kann durch die Veränderung der Drehzahl des Elektromotors erreicht werden, was zu einer Änderung der Schwingungsfrequenz, der Größe der Erregerkraft und des Leistungsverbrauchs führt. Die weitere Entwicklung von regulierbaren Vibratoren kann aller Wahrscheinlichkeit nach auf dem Weg der Vervollkommnung der Befestigung der Schwingmassen und der Schaffung eines Mechanismus zur kontinuierlichen Veränderung des kinetischen Moments erfolgen.

In den Schlußfolgerungen wird festgestellt, daß man in lockeren und wenig gebundenen Gesteinen höhere mechanische Geschwindigkeiten im Vibrationsregime und in gebundenen Gesteinen im Vibrostoßbohrregime erreicht.

Der Vibrator W—500, der im Regime des federlosen Vibrohammers arbeitet, gestattet die Schaffung eines Vibrations- und Vibrostoßbohrregimes und ermöglicht die Anwendung und Einhaltung des effektivsten Bohrregimes für die verschiedensten Gesteine.

Zum Kupferschiefer unter besonderer Berücksichtigung der Roten Fäule[1)]

16. Treffen des Fachverbandes Mineralogie der Geologischen Gesellschaft in der DDR

JOHANNES RENTZSCH & HELGA LUDWIG, Berlin

Der Fachverband Mineralogie und das Mansfeld-Kombinat „Wilhelm Pieck" hatten für die Zeit vom 2.—4. April 1964 zu einem deutsch-polnischen Kolloquium über das Rotfäuleproblem eingeladen. Die Tagung fand im Kulturhaus der Mansfelder Bergarbeiter in Eisleben statt.

Nach kurzen Begrüßungsworten von Tagungsleiter Dr. JUNG, Werkdirektor Dr. JENTSCH und Prof. Dr. RÖSLER nahm die Tagung ihren Verlauf.

1. Tag

C. FREESE & W. JUNG, Eisleben: Über die Rotfärbung der Basalschichten des Zechsteins und ihre Beziehungen zum Nebengestein im östlichen Harzvorland.

Die Autoren legten eine Kollektivstudie der Geologen des Mansfeld-Kombinats vor.

Unter Roter Fäule werden Rotfärbungen des Zechsteinkalks, untergeordnet des Kupferschiefers und der liegenden Partien des Werraanhydrits verstanden. Zunächst wurde ein feinstratigraphisches Profil der Schichtenfolge von der Basis der Eislebener Schichten bis in den Unteren Werraanhydrit gegeben. Die Gesteinsansprache erfolgte auf Grund petrographischer Untersuchungen.

Die Verbreitung der Roten Fäule entspricht im Prinzip den Vorstellungen von GILLITZER und KAUTZSCH. Während die Rotfäulegebiete in erzgebirgischer Richtung hintereinanderliegen (GILLITZERscher Kernstrich), streichen die einzelnen Rotfäuleareale eindeutig herzynisch.

Es wurden Unterschiede in der Intensität und Verbreitung der Rotfärbungen festgestellt. Zwei Typen der Rotfärbung sind ausgegliedert worden:

1. Typ — schichtige Rotfärbung
2. Typ — an Klüfte und Anhydritfiedern gebundene Rotfärbung

Rotfärbungen des Typs 1 dominieren. Es wurde auf die im Typ 1 vorkommenden punkt-, flecken-, wolken-, streifen-

1) Eingang des Manuskripts in der Redaktion: 16. 4. 1964

und bandartigen Rotfärbungen und ihre Verteilung im Profil eingegangen. Es konnte eine Parallelität zwischen Ausbildungsform und Intensität der Farbe festgestellt werden. Die Bänder sind am kräftigsten gefärbt. Nach dem Hangenden zu nimmt die Farbintensität ab. Die Auflösung der Rotfärbung erfolgt über Streifen, Wolken, Flecken und Punkte.

Anschließend wurde die Art der Rotfärbung im Zusammenhang mit Gesteinsklüften und Anhydritfiedern beschrieben (Typ 2). Die Rotfärbung ist nicht an einen bestimmten feinstratigraphischen Horizont gebunden. Die vertikale Verbreitung der Roten Fäule wurde in vier Gruppen untergliedert. Die vertikale Ausdehnung der Rotfärbung ist in Isolinienkarten dargestellt worden. Es schloß sich eine eingehende Beschreibung der Rotfäulegebiete in der Mansfelder und Sangerhäuser Mulde an.

Als klassische Rotfäulegebiete wurden die Aufschlüsse des Max-Lademann-Schachtes genannt. Dort konnte die Lage der intensiven Rotfärbungen zu den Weißliegendanschwellungen geklärt werden. Während im Top der Weißliegendanschwellungen nur punktförmige Rotfärbungen auftreten, sind die intensiven bandförmigen Rotfärbungen an den Flanken der Weißliegendanschwellungen anzutreffen.

Anhand der gegenwärtigen Untersuchungen wurde nachgewiesen, daß keine Beziehung zwischen Tektonik und Rotfärbung besteht. Die Rotfärbungen werden als synsedimentäre bis frühdiagenetische Bildungen gedeutet.

Im 2. Teil des Vortrages wurde ein umfangreiches Kartenmaterial vorgelegt.

1. Anhand von Isopachenkarten ist nachgewiesen worden, daß kein Zusammenhang zwischen dem Auftreten und der Mächtigkeit des Sandsteinschiefers und dem Vorhandensein der Roten Fäule besteht.

2. Des weiteren wurde festgestellt, daß keine Abhängigkeiten zwischen dem Auftreten der Roten Fäule und der Lithofazies des Liegenden des Kupferschiefers vorhanden sind. Die Zonen minimaler Bleichung in den liegenden klastischen Sedimenten decken sich im allgemeinen mit den Rotfäulegebieten. Es wird die Auffassung vertreten, daß die dicht an das Kupferschieferflöz heranreichenden Rotfärbungen auch als Rote Fäule zu bezeichnen sind.

3. Die Isopachenkarte des Kupferschiefers zeigt, daß die Mächtigkeit in Richtung zur Roten Fäule hin abnimmt. Die absolut geringsten Mächtigkeiten wurden jedoch außerhalb der Roten Fäule beobachtet. Die Rote Fäule tritt an den Flanken der Schwellen und Untiefen auf.

4. Die Mächtigkeit des Zechsteinkalks nimmt in der Mansfelder und Sangerhäuser Mulde von S nach N von 3 bis 7 m zu. Es besteht keine direkte Beziehung zwischen dem Auftreten von Roter Fäule und der Mächtigkeit des Zechsteinkalks. Es hat den Anschein, daß die Rote Fäule an Gebiete mit starken Mächtigkeitsschwankungen geknüpft ist. Weiterhin wurde besonders auf die in Randgebieten der Roten Fäule vorhandene Fossilführung (Korallen, Brachiopoden) hingewiesen.

5. Die Metallverteilungskarten zeigten, daß, abgesehen von den Kupfersäumen an den Rändern der Rotfäulegebiete, Kupferschiefer mit ausgesprochener Kupferfazies vor allen Dingen über Zonen minimaler Bleichung im Liegenden ausgebildet ist, auch wenn keine eigentliche Rotfäulefazies nachgewiesen wurde.

Es wurde eine vertikale Gliederung der Rotfärbung und Metallkonzentration beschrieben, wie sie bereits für die Vorkommen der Nordsudetischen Mulde in der VR Polen und für das Gebiet Spremberg—Weißwasser nachgewiesen worden war. Es liegen 1—4 Zyklen von Rotfärbungen und Mineralisationen dachziegelartig übereinander. In dem zyklischen Auftreten der Rotfärbungen und der Mineralisation sah Dr. JUNG eine auffällige Konvergenz zur White-Pine-Grube in Michigan.

Zusammenfassend wurde festgestellt, daß keine Abhängigkeit der Vererzung von Störungen, Sandsteinschiefer- und Zechsteinkalkmächtigkeiten besteht. Die Rote Fäule wird als synsedimentäre bis frühdiagenetische Bildung am Rand von Schwellen und Untiefen gedeutet. Die Rotfärbungen sind Ausdruck eines ganz bestimmten Redoxpotentials.

Diskussion

Prof. Dr. WATZNAUER: Der Rotfäulebegriff bedarf einer Klärung.

Dr. RENTZSCH: Es wird darauf hingewiesen, daß in der mehrmaligen zyklischen Sandstein-Schiefer-Sedimentation in White Pine andere Verhältnisse vorgelegen haben als in der zyklischen Sedimentation an der Basis der Werraserie.

R. FRANZ, Berlin: Über die Verbreitung und Ausbildung der Rotfleckung und ihre Zusammenhänge mit der Vererzung des Unteren Zechsteins im Raum Spremberg—Weißwasser.

Einleitend wurde über den geologischen Aufbau der Struktur Mulkwitz (Gebiet Spremberg—Weißwasser) berichtet. Es schloß sich eine Erläuterung der von der Mansfelder Gliederung abweichenden Flözlageneinteilung des Kupferschiefers, die anhand megaskopischer, petrographischer und geochemischer Untersuchungen festgelegt werden konnte, an.

Bei der Beschreibung der Roten Fäule zeigten sich weitgehende Konvergenzerscheinungen zu den Untersuchungen von FREESE & JUNG. Lediglich den Erscheinungsformen der Rotfärbung in den liegenden klastischen Sedimenten wurde mehr Aufmerksamkeit geschenkt.

An Zechsteinkalkprofilen im SE-Teil des Erkundungsgebietes konnten 2—3 Rotfäulezyklen nachgewiesen werden. Generell liegt die Rote Fäule am NE-Rand der Struktur Mulkwitz und besitzt ein flachherzynisches Generalstreichen. Der Rand der Roten Fäule zeigt Ausbuchtungen. In Richtung zur Roten Fäule nimmt im allgemeinen die Mächtigkeit des Kupferschiefers und Kalkmergels im Hangenden des Kupferschiefers ab. Der Calcitgehalt des Kupferschiefers nimmt in Richtung zur Roten Fäule hin zu. Der Zechsteinkalk besitzt im Rotfäulegebiet sandige und feinkonglomeratische Einlagerungen. Diese und ein Fossilfund in der Bohrung Spremberg 80 führten zur Annahme der Sedimentation in sauerstoffreichem, durchbewegtem Wasser. Da der Kupferschiefer im Rotfäulegebiet z. T. primär fehlt, wurde die Rote Fäule als Schwellenfazies gedeutet. Anhand eines ausgezeichneten Blockdiagramms und von Metallfazieskarten des Sanderzes, des Kupferschiefers und des Hangenden wurde die Zonalität der Vererzung (Rote Fäule — Kupfersaum — Blei-Zink-Saum) und das diagonale Durchsetzen der Mineralisation und der Rotfärbungen durch die Schichtenfolge belegt. Es ist besonders auf die Bedeutung der Roten Fäule als Erkundungskriterium hingewiesen worden.

R. ERZBERGER, Berlin: Zur Paläogeographie und Verbreitung der Rotfärbungen in der Werraserie Südbrandenburgs.

Nach einer Einführung in die Geologie des zwischen Jessen (südöstlich von Wittenberg) im Westen und Altdöbern im Osten gelegenen Arbeitsgebietes wurde festgestellt, daß der Kupferschiefer lediglich im Westteil in Sapropelfazies vorliegt, während im gesamten Mittel- und Südostteil Südbrandenburgs der liegende Teil der Werraserie in Rotfäulefazies ausgebildet ist. Anhand der nach Süden zunehmenden Zechsteinkalkmächtigkeit ist nachgewiesen worden, daß es sich hier um eine rand- bzw. schwellennahe Sedimentation handelt. Besondere Aufmerksamkeit wurde zwei langgestreckten Sandbarren geschenkt, auf denen der Kupferschiefer primär fehlt. Die im Bereich der Scholle von Schönewalde liegende Sandbarre streicht herzynisch, während die zwischen Walddrehna und der Struktur Staakow vorhandene erzgebirgisch streicht. Letztere liegt im Verbreitungsgebiet der Roten Fäule. Die Erscheinungsformen der Rotfärbung entsprechen etwa den aus der Mansfelder und Sangerhäuser Mulde beschriebenen, jedoch wird auf intensive Rotfärbung des Kupferschiefers bzw. Kupferschieferäquivalents hingewiesen. Anhand von Profilen wurde die vertikale Verbreitung der Roten Fäule dargelegt. Es zeigte sich, daß im Ostteil des Untersuchungsgebietes die Rotfärbung bis in den unteren Teil des Werraanhydrits hineinreicht. Die im Zechsteinkalk vorhandenen sandigen bis feinkonglomeratischen Einlagerungen und submarinen Rutschungen sprechen für eine Ablagerung im bewegten Flachwasser. Die sandige Fazies ist jedoch nicht allein auf das Verbreitungsgebiet der Roten Fäule beschränkt. An dem herzynisch streichenden Rotfäulerand wurde in Analogie zum Gebiet Spremberg—Weißwasser ein Kupfersaum im Kupferschiefer nachgewiesen.

Abschließend wurde festgestellt, daß die Rote Fäule nicht unbedingt eine randnahe Bildung sein muß, da sie auch im nördlich anschließenden Gebiet der Struktur Staakow nachgewiesen worden ist.

J. WYZYKOWSKI, Warschau: Die Lithologie der Zechsteinsedimente in der Vorsudetischen Monoklinale.

Es wurde ein lithologisches Profil durch den Zechstein und die hangendsten Teile des Rotliegenden der Vorsudetischen Monoklinale behandelt. Bei der Beschreibung der liegenden Sandsteine ist festgestellt worden, daß die grauen Sandsteine vererzt sind, während dagegen in den weißen Sandsteinen kein Erz angetroffen wurde. Die stratigraphische Einstufung der klastischen Liegendsedimente ist unklar. Sie werden als Zechsteintransgressionssedimente gedeutet. Das karbonatische Bindemittel, die Fossilführung und die andeutungsweise vorhandene Schichtung werden als Beweis für die marine Sedimentation herangezogen. Örtlich ist zwischen den Sandsteinen im Liegenden und den kalkigen bis dolomitischen Mergelschiefern eine geringmächtige Karbonatbank vorhanden, die dem Basalkalk der Nordsudetischen Mulde entspricht. Die Mergelschiefer fehlen am NW-Rand des Subsudetischen Walles bei Zary primär. Nördlich Sieroszowice und bei Zary ist Rote Fäule vorhanden. Die bituminösen Schiefer wurden in Senken abgelagert. Die paläogeographische Einschätzung des Gebietes entspricht etwa den von RICHTER-BERNBURG niedergelegten Anschauungen.

Die Untersuchung der Roten Fäule befindet sich im Anfangsstadium. Sie ist sowohl an Hebungszonen (Zary) als auch an in höheren Zechsteingliedern nachgewiesene Senkungsbereiche geknüpft. Es handelt sich um Gebiete besonderer Sedimentation, in denen die tonig-karbonatische Fazies auskeilt.

M. DIETRICH, Jena: Fazies und Paläogeographie des unteren Teils der Werraserie im Werragebiet und in dessen Randgebieten.

Ausführlich wurde die paläogeographische Entwicklung des Rotliegenden zwischen der Taunus—Oberharz-Schwelle und der Ruhlaer Schwelle geschildert. Besondere Beachtung wurde der Verbreitung des dem Weißliegenden entsprechenden Cornberger Sandsteins im gesamten Werrabecken geschenkt. Es wird angenommen, daß die Fazies des Cornberger Sandsteins auch im Süd- und Südostteil des Werrabeckens vorhanden ist.

Am Südende der Ruhlaer Schwelle treten an der Basis der Werraserie Randfaziesbildungen auf, die denen von Gera und der Nordsudetischen Mulde entsprechen.

Der Kupferschiefer ist im gesamten Werrabecken vorhanden. Er ist als dolomitischer Mergelschiefer ausgebildet. Im Richelsdorfer Gebirge beträgt seine Mächtigkeit ca. 30 cm, in anderen Teilen des Werrabeckens können Mächtigkeiten bis zu 1,50 m auftreten. In den Bohrungen Dermbach und Oberkatz ist wie im Richelsdorfer Gebirge eine Trennung von Kupferschiefer und Zechsteinkalk kaum möglich. In der Bohrung Mühlwärts wurden im Kupferschiefer und Zechsteinkalk Rotfärbungen nachgewiesen. In den südwestlichsten Bohrungen der Richelsdorfer Südmulde treten ebenfalls Rotfärbungen auf. Der Zusammenhang der Gebiete mit Rotfärbungen ist noch nicht nachgewiesen. Westlich der Bohrung Mühlwärts ist im Raum Treischfeld im Unteren Zechstein ein Flachwassergebiet nachweisbar.

Abschließend wurde auf die metallfaziellen Verhältnisse des Kupferschiefers im Werrabecken eingegangen.

J. LUGE, Aschersleben: Einige Bemerkungen zur Geologie des Kupferschiefers im Ostteil des Subherzynen Beckens.

Es wurde die feinstratigraphische Gliederung des Kupferschiefers im Subherzynen Becken anhand petrographischer Merkmale vorgetragen. Die Sedimentation des Kupferschiefers erfolgte in drei Zyklen. Während die Basis jedes Zyklus staubsandig bis tonig ausgebildet ist, sind die hangenden Bereiche karbonatreich. Die megaskopische Feingliederung des Kupferschiefers erfolgte auf Grund der Unterschiede der Gesteinsfarbe, der Ritzhärte, der Strichmehlfarbe sowie der Karbonatfeinstreifung. Diese Flözgliederung ist vor allem in den hangenden Flözlagen nicht mit der in Mansfeld gebräuchlichen 5-Lagen-Gliederung parallelisierbar. Es zeigt sich jedoch eine gute Übereinstimmung mit alten Lageneinteilungen, z. B. Feine Lette, Grobe Lette, Kammschale, Schwarzer Kopf, Grauer Kopf, Schwarze Berge, Graue Berge. Die vorgelegte Flözgliederung in drei Zyklen konnte auch für den Kupferschiefer der Scholle von Calvörde angewendet werden. Es wurde nachgewiesen, daß eine Reduzierung der Kupferschiefermächtigkeit auf Kosten der karbonatreichen Lagen vor sich geht.

2. Tag

J. RENTZSCH, Berlin: Fazielle Gesetzmäßigkeiten beim Auftreten der Roten Fäule.

Der Kupferschiefer und seine unmittelbar liegenden und hangenden Schichten liegen in Rotfäulefazies vor, wenn in diesen Gesteinen Hämatit beständig ist. Es wurden folgende Gesetzmäßigkeiten des Auftretens der Rotfäulefazies genannt:

1. Die Rotfäulegebiete liegen insgesamt über Oberrotliegendtrögen.
2. In den Rotfäulegebieten wurden Schwellenzonen nachgewiesen. Es treten in ihnen Bereiche auf, in denen die Basisschichten der Werraserie in gut durchlüftetem Flachwasser abgelagert worden sind. Als Beweis für diese Anschauung wurden das Auskeilen des Kupferschiefers auf Sandbarren, die Mächtigkeitsreduzierung des Kupferschiefers in den Rotfäulegebieten und die sandige Ausbildung der Kupferschieferbasis am Rand der Sandbarren und Schwellen angeführt. Mit Annäherung an Rotfäulegebiete nimmt der Calcitanteil im Kupferschiefer gegenüber dem Dolomitanteil zu.
3. Die paläogeographische Situation ist nicht nur für die petrographische Ausbildung der Basissedimente der Werraserie von Bedeutung, sondern auch für die Metall- und Ermineralverteilung, d. h. für die geochemische Fazies im weiteren Sinne. Am Rand der Rotfäulegebiete wurde ein horizontales und vertikales zoning der Metall- und Erzmineralverteilung nachgewiesen. Der generelle Kupfermineralfazieswechsel ist in schematischer Vereinfachung wie folgt: Hämatit—Chalkosin—Bornit—Chalkopyrit.

Der Kupferschiefer in Kupferfazies ist durchschnittlich ärmer an $C_{org.}$ als der Blei-Zink-Schiefer. Mit Annäherung an die Rote Fäule nimmt bei Zurückgehen des $C_{org.}$-Gehaltes zunächst der prozentuale Kupferanteil am Gesamtbuntmetallgehalt stark zu, um dann unmittelbar an und in dem Rotfäulegebiet wieder abzunehmen.

Aus den verschiedenen Beobachtungen, dem Eh—pH-Diagramm des Systems Cu—Fe—S—O—H von GARRELS und den Löslichkeitsprodukten der Sulfide Cu_2S, PbS und ZnS wurde abgeleitet, daß Cu-angereicherte Schiefer dort auftreten, wo ein nur geringfügig reduzierendes Milieu vorhanden ist (H_2S-Mangel). Die primären Faziesgrenzen zwischen Rotfäule- und Sapropelfazies wurden durch syndiagenetische Stoffwanderungen z. T. stark überprägt. Die heute nachweisbaren Mineralparagenesen wurden als syndiagenetische Bildungen charakterisiert. Die Beziehungen zwischen Petrofazies, Mineralparagenese, Paläogeographie und Rotfäuleverbreitung wurden am Beispiel des Kupferschiefers von Spremberg—Weißwasser, Südbrandenburg und des Südteils des Werragebietes kartenmäßig belegt.

Diskussion

Prof. Dr. WEDEPOHL: Sandschüttungen im Kupferschiefer stehen im Zusammenhang mit Turbulenzströmungen. Die paläogeographische Ausdeutung dieser Erscheinungen dürfte Schwierigkeiten bereiten.

Ob die Karbonatführung des Kupferschiefers zu paläogeographischen Aussagen herangezogen werden kann, muß noch geklärt werden. Weiterhin müßten Modellversuche durchgeführt werden, in denen bei bestimmten Eh—pH-Verhältnissen Cu-, Pb- und Zn-Sulfide gefällt werden.

Dr. RENTZSCH: Da alle Ergebnisse kartenmäßig dargestellt werden, wird die abschließende Auswertung ergeben, welche Kriterien allgemeingültige Aussagen über die Sedimentationsverhältnisse ermöglichen.

Dr. SCHWAB wies auf das Rotliegendalter der sauren Intrusiva des Harzes hin und sieht in ihnen und ihren Lagerstätten die Metallieferanten für den Kupferschiefer.

H. BORCHERT, Clausthal-Zellerfeld: Fazieswechsel in den Zechstein-Salzlagerstätten in ihrer Beziehung zur Entwicklung der Roten Fäule.

Entgegen den bisherigen Tendenzen wurde ein Zusammenhang zwischen der paläogeographischen Entwicklung der

Werraserie und der Metallführung des Kupferschiefers abgelehnt. Durch Verbindung der Untersuchungen von MESSER am Kupferschiefer des Richelsdorfer Gebirges mit den paläohydrologischen Anschauungen von v. HOYNINGEN-HUENE wird eine Zuführung der Buntmetalle durch Grundwässer aus dem Rotliegenden in das Kupferschieferbecken angenommen. Die wesentliche Fixierung der Metallgehalte erfolgte syndiagenetisch.

Die Bildung der Roten Fäule wird nach v. HOYNINGEN-HUENE als an Austrittsstellen saurer Rotliegendwässer gebunden erklärt. Die Fällung des Fe erfolgte vorwiegend in Rotfäulegebieten, während Cu und Zn in deren Nachbarschaft ausgefällt wurden. Die Sanderzbildungen stellen ein typisches Beispiel für die Sulfidfällung aus Grundwässern des Rotliegenden durch den H_2S-Gehalt des Meerwassers dar. Als Metallieferanten werden die Grundwässer aus dem Rotliegenden, Schwermetalle aus dem marinen Stoffhaushalt, Cu-reiche Melaphyre des Rotliegenden und sulfidische Erzlagerstätten genannt.

Im 2. Teil des Vortrags wurde hervorgehoben, daß die Fazieswechsel in den Zechsteinsalzen nicht paläogeographisch bedingt sind, sondern mit Laugenbewegungen im Grundwasserstockwerk zusammenhängen.

Diskussion

Prof. Dr. WEDEPOHL: Der Mechanismus des Austritts von Grundwässern durch bituminöse pelitische Schichten am Meeresboden ist schwer vorstellbar. Die Metallzuführung durch Oberflächenwässer kann man sich leichter vorstellen.

Es wird darauf hingewiesen, daß die aufeinanderfolgende Fällung von Cu, Pb und Zn durch die vorgetragenen Anschauungen nicht geklärt werden kann. Cu-angereicherte Kupferschiefer sind im Vergleich zu den regional verbreiteten Zn-Pb-Schiefern selten, auch die Pb-Menge übersteigt weitaus die Cu-Menge.

Die Herkunft des Kupfers wird oft aus dem Rotliegendvulkanismus abgeleitet, während die Herkunft der in viel größerer Menge vorhandenen Elemente Pb und Zn offenbleibt.

Dr. RENTZSCH: Es wird betont, daß keiner der Vortragenden eine Zuführung der Buntmetalle durch Verwitterungslösungen angenommen hat.

In der Vergangenheit konnten keine Aussagen über die Petrofazies des Kupferschiefers gemacht werden, da regionale petrographische Untersuchungen vollkommen fehlten. Aus den Schichtenverzeichnissen ist ersichtlich, daß die Rotfäulebohrungen aus dem Richelsdorfer Gebiet analoge Verhältnisse wie in Südbrandenburg aufweisen.

Der regionale Zusammenhang zwischen Paläogeographie, Metallführung und Petrofazies kann dann nachgewiesen werden, wenn die Isopachenkarten der Schichtglieder der Werraserie und die Petro- und Metallfazieskarten fertiggestellt sind.

Dr. KAEMMEL: Die Zufuhr der sehr großen Metallmengen, wie sie im Kupferschiefer vorliegen, in sehr kurzen Zeiträumen durch Grundwässer ist schwer vorstellbar, da für den Transport erhebliche Wassermengen nötig sind.

Prof. Dr. HARDER: Es wird auf rezente Beispiele arider Konzentration von Metallen hingewiesen.

Prof. Dr. BORCHERT: Im Grundwasser sind alle beteiligten Buntmetalle enthalten. Ihre Ausfällung erfolgt in Abhängigkeit vom Eh- und pH-Wert. Eine synsedimentäre Gliederung des Beckens wird abgelehnt. Das primäre Fehlen des Kupferschiefers wird als nicht erwiesen angesehen. Die Durchtränkung des Kupferschiefers durch Grundwässer hat seine Ausbildung so verändert, daß man ihn heute nicht mehr wiedererkennt.

Die Höhenlage der Vererzung im Profil ist abhängig von der Lage der Austauschzone zwischen Grundwasser und H_2S-haltigem Wasser. Sie liegt oft direkt zwischen Sanderz und Kupferschiefer.

E. KONSTANTYNOWICZ, Katowice: Fleckenmergel und Erzmineralisation der Zechsteinsedimente.

Es wurde die Verbreitung der Roten Fäule in der Nordsudetischen Mulde und in der Vorsudetischen Monoklinale dargestellt. Das Auftreten der Rotfärbung in der Nordsudetischen Mulde entspricht den von EISENTRAUT und NEUHAUS geschilderten Verhältnissen.

Die Rote Fäule wird als syndiagenetische Bildung charakterisiert. In den Flecken des Fleckenmergels ist ein geringerer $C_{org.}$-Gehalt vorhanden als in den vererzten Partien des Sediments. Fe tritt in oxydischer, karbonatischer und sulfidischer Bindung auf. Der FeS_2-Gehalt ist dem $C_{org.}$-Gehalt direkt proportional. Der Gehalt an 3wertigem Fe ist dem $C_{org.}$-Gehalt umgekehrt proportional. In den rotfleckigen Sedimenten treten nur geringe Cu-Mengen auf. Die Rotfärbungen sind ufernah, randfernere Sedimentationsbereiche sind sulfidreich.

Die Zonenabfolge der Buntmetalle wurde erwähnt. Randnah sind kupferreiche Sulfide vorhanden, während in den tieferen Teilen des Beckens eisenreichere Verbindungen auftreten. Die Menge der Kupfersulfide geht stark zurück, bis schließlich nur noch Pyrit auftritt.

A. RYDZEWSKI, Warschau (verlesen von Dr. JANKOWSKI): Die Petrographie und die Mineralisation der Zechsteinsedimente in der Vorsudetischen Monoklinale.

Einleitend wurde ein Überblick über die Stratigraphie und Lithologie des Grauliegenden, Weißliegenden und der Werraserie im Gebiet der Vorsudetischen Monoklinale und der Periklinale von Zary gegeben.

Der kohlig-bituminöse Mergelschiefer ist meist dolomitisch ausgebildet. In den Rotfäulegebieten nimmt jedoch der Calcitgehalt stark zu. Desgleichen steigt der Gehalt an detritischen Komponenten (Quarz, Feldspat, Muskovit) an.

An der Grenze zwischen Sapropelfazies und Roter Fäule ist Glaukonit vorhanden.

Im vererzten Mergelschiefer tritt die Paragenese Chalkosin, Bornit, Chalkopyrit + Galenit, Sphalerit, Pyrit auf. Der Erzgehalt ist der Menge an $C_{org.}$ direkt proportional. Die Vererzungen liegen über den Rotfärbungen. Es wurde auf die Notwendigkeit syndiagenetischer Stoffwanderungen im Zusammenhang mit den Rotfärbungen hingewiesen.

Diskussion

Prof. Dr. HARDER: Lag in Rotfäulegebieten ursprünglich ein sapropelitischer Kupferschiefer vor, der nachträglich oxydiert wurde? Sind die Buntmetalle abgeführt worden?

Dr. RENTZSCH: Die Oxydation von sapropelitischem Kupferschiefer ist für große Teile des Kupferschiefers von Südbrandenburg nachgewiesen. Es treten dort, wie bereits KNAUER feststellte, Hämatitpseudomorphosen nach Pyrit auf.

PALMBERG: In den bisher untersuchten Rotfäuleproben hat das Restbitumen einen sehr hohen Stickstoffgehalt. Das entspricht den sekundären Vorstellungen.

Dr. KAEMMEL und Dr. RENTZSCH: Die Rotfäulegebiete haben einen primär angelegten Kern. Im Übergangsbereich zwischen Sapropelfazies und Roter Fäule fanden syndiagenetische Oxydationsprozesse statt. Diese Wechselwirkungen spiegeln sich im diagonalen Durchsetzen des Rotfäulerandes und der Metallsäume durch die Schichtenfolge wider.

3. Tag

J. KRASON, Wrocław (verlesen von GATZKE): Sedimentationsentwicklung und Mineralisation des Weißliegenden von Dolny Śląsk (Niederschlesien).

Durch sedimentpetrographische und mineralogische Untersuchungen an den Sandsteinen im Liegenden des Mergelschiefers konnte nachgewiesen werden, daß es sich bei den Weißliegendsandsteinen und Zechsteinkonglomeraten um marin aufgearbeitete Rotliegendsedimente handelt. Der marine Charakter wurde anhand von Korngrößenanalysen, Bestimmungen des Rundungsgrades und Schwermineralgehalten nachgewiesen.

Als besonderes Kriterium für die marine Bildung des Weißliegenden wurden autigener Glaukonit und oolithischer Phosphorit angegeben.

Die Bleichungszone in den liegenden klastischen Sedimenten ist in der Nordsudetischen Mulde 1–7 m mächtig, während sie in der Vorsudetischen Monoklinale bis zu 40 m Mächtigkeit anschwellen kann. Im Übergangsbereich, der bis zu 3 m betragen kann, kommen sowohl rote Sandsteine mit hellen Flecken als auch helle Sandsteine mit roten Flecken vor. U. d. M. wurden auch Bleichungen von Glaukonit beobachtet.

Im hangenden Bereich sind die Weißliegendsandsteine bis maximal 3 m Mächtigkeit vererzt. Die Cu-Gehalte dieses Sanderzes schwanken sehr stark. Im Durchschnitt liegen die Gehalte unter 1% Cu. Bei Lubin wurde in den hangendsten 7 cm des Sanderzes eine Chalkosinparagenese angetroffen, die etwas Bornit, Chalkopyrit und Pyrit führt. Der vererzte Sandstein ist durch kohlig-bituminöse Substanzen dunkel gefärbt. Die sulfidischen Erzminerale liegen vorwiegend im kalkig-dolomitischen Bindemittel. Es wurde eine zonale Abfolge der Kupfermineralparagenese beobachtet. Der Weißliegendsandstein stellt eine litorale Ablagerung im bewegten Flachwasser dar und wird als klastisches Zechsteinbasissediment angesehen.

K. H. WEDEPOHL, Göttingen: Mineralogische und geochemische Untersuchungen an Kupferschieferproben aus Nordwestdeutschland.

Einleitend wurde eine Zusammenfassung der Geochemie der Schwarzschiefer gegeben. Es bestehen noch Schwierigkeiten bei der Unterscheidung Gyttja—Sapropel anhand der Spurenelementgehalte.

Die petrographischen Untersuchungen ergaben, daß es sich bei dem untersuchten Kupferschiefer um kalkige bis dolomitische Mergel mit 35—60% Illit und 10% Quarz handelt. Chlorit tritt nur dort auf, wo Rotliegendsalinar nachgewiesen wurde. Kaolinit ist sehr selten beobachtet worden. Autigener Albit kommt zusammen mit Chlorit in sehr geringer Menge vor. Die Elemente Rb und B sind an Illit geknüpft. Der Karbonatgehalt des untersuchten Kupferschiefers beträgt 10—30%, dabei scheint Dolomit küstennah aufzutreten, während Calcit im zentralen Teil des Beckens beobachtet wurde. Sr und Mn sind vorwiegend an die Karbonate gebunden. Der Dolomit ist etwas Mn-reicher als der Calcit. Die Hauptmenge des Fe tritt in Form von Pyrit auf. Absolut buntmetallarme Proben führen hohe Gehalte an $C_{org.}$ Das zeigt, daß keine unmittelbare Beziehung zwischen dem Gesamtbuntmetallgehalt und dem Gehalt an $C_{org.}$ besteht.

Wichtig für eine Metallanreicherung sind Oszillationen zwischen Stagnation und Durchbewegung des Meerwassers. Entgegen den bisherigen Anschauungen werden abnorme Gehalte im Meerwasser angenommen, um die im Kupferschiefer vorhandenen Metallkonzentrationen zu erklären.

Anschließend wurde auf die Beziehungen zwischen der organischen Substanz und einigen Spurenelementen eingegangen.

1. Die Spurenelemente sind teilweise in der organischen Substanz angereichert.

2. Es besteht die Möglichkeit der adsorptiven Bindung an die organische Substanz.

Zwischen den Gehalten an $C_{org.}$ und V besteht direkte Proportionalität. Diese ist auch für die Elemente Ni und Cr nachgewiesen worden, während Mo und Co stärker streuen.

Es wurde auf die Problematik der Metallbilanz eingegangen. Eine Anreicherung der Buntmetalle scheint durch eine adsorptive Bindung an Fe-Oxyde möglich zu sein. Die Buntmetalle werden durch das transgredierende Zechsteinmeer aufgenommen. Die Differenzierung der Metallfaziesbereiche wird durch allmähliche H_2S-Nachlieferung erklärt.

Diskussion

Dr. KAEMMEL: V ist im Kupferschiefer an den Tonanteil geknüpft. Mit zunehmendem Quarzgehalt geht der V-Gehalt zurück.

Prof. Dr. HARDER: Neben der adsorptiven Bindung der Spurenelemente an Tonminerale muß die Bindung an röntgenamorphe Verbindungen des Fe und Al stärker berücksichtigt werden.

Dr. RENTZSCH: Die feinstratigraphische Gliederung des Kupferschiefers anhand der V-Gehalte ist im gesamten Südteil des Zechsteinbeckens möglich. Erhöhte V-Gehalte entsprechen immer erhöhten Tonmineralanteilen.

Ist die Basis des Kupferschiefers sandig entwickelt, kann ein Verdünnungseffekt beobachtet werden.

Prof. Dr. WEDEPOHL: Eine Trennung der Metalle Cu, Pb und Zn tritt nur auf, wenn H_2S im Unterschuß vorhanden ist.

Dr. UNGETHÜM: Die letzte Feststellung von Prof. Dr. WEDEPOHL wird bestätigt. Einen weiteren wichtigen Faktor für die Differenzierung der Buntmetalle dürfte der Grad der Salinität des Meerwassers darstellen. Es müssen Komplexbildungen angenommen werden.

H. WAZNY, Warschau (verlesen von W. REMUS): Die geochemischen Untersuchungen an Sedimenten des Unteren Zechsteins im Westen der VR Polen.

Es wurde das Verhalten der Elemente Cu, Zn, Pb, Ni, Co, Mo, V und Cr in den Sedimenten des Unteren Zechsteins untersucht. Die Hauptanreicherung dieser Elemente wurde im Kupferschiefer (T_1) nachgewiesen.

Im Raum Lubin und in der Nordsudetischen Mulde wurden erhöhte Cu-Gehalte festgestellt. Die Anreicherung der Elemente ist unter anderem Eh—pH-abhängig. Bei hohem Redoxpotential zeigen Cu, Pb und Zn starke Migrationsfähigkeit. Während Cu vor allem in tonigen Sedimenten konzentriert wird, treten Zn und Pb mehr in karbonatischen Schichten auf.

Es besteht eine Parallelität zwischen den Gehalten an Ni und V zu $C_{org.}$ Co zeigt diese Abhängigkeit nicht. V ist an den Tonanteil und den $C_{org.}$ geknüpft, deshalb besteht eine Korrelation V/Al und V/$C_{org.}$ In den Fe-angereicherten Tonhorizonten T_3 und T_2 ist diese Korrelation geringer. Mo nimmt eine Mittelstellung zwischen Ni und V ein, es kommt fast ausschließlich im T_1 vor. Neben dem Zusammenvorkommen von Cu und Ag ist auch eine gewisse Parallelität der Ag- und Pb-Gehalte nachzuweisen. Ni und Cr sind auch in der Roten Fäule nachgewiesen worden. Die Korrelationen Ni/Co und Cr/V ähneln einander sehr. Allgemein konnte eine Gesetzmäßigkeit im Auftreten der Elemente beobachtet werden. Sie sind in tonigen Sedimenten stärker konzentriert als in chemischen. In der Roten Fäule herrschten andere Sedimentationsbedingungen als in sapropelitischen Sedimenten.

G. KNITZSCHKE, Eisleben: Neue Ergebnisse der Haupt- und Spurenmetallführung des Kupferschiefers im südöstlichen Harzvorland.

Am Beispiel der Feinen Lette in der Sangerhäuser Mulde wurde eine Typisierung des Kupferschiefers hinsichtlich seiner Metallführung, der Kupfermineralisation und der petrographischen Beschaffenheit durchgeführt. Mittels der Darstellung im Dreieckdiagramm Cu—Pb—Zn ohne Berücksichtigung der Bauwürdigkeit wurde eine Einteilung in Metallfaziestypen vorgenommen.

Insgesamt wurden von 99 Bohrungen in der Sangerhäuser Mulde eine Metallfaziesanalyse und Integration der Erzminerale durchgeführt. Es sind die Beziehungen zwischen Metall- und Kupfermineralfazies geklärt worden. Weiterhin wurde die Petrofazies des Kupferschiefers, die ebenfalls im Dreieckdiagramm (nach BERNSTEIN) dargestellt worden ist, in Beziehung zur Metall- und Mineralfazies gesetzt. In der Feinen Lette überwiegt die Kupferfazies, Zinkschiefer treten zurück, Bleischiefer spielen in der Sangerhäuser Mulde eine sehr untergeordnete Rolle. Die regionale Metall- und Kupfermineralverteilung in der Feinen Lette wurde anhand von ausgezeichneten Karten belegt.

T. KAEMMEL, Berlin: Petrogenese und Mineralisation des Aderstedter Kupferschiefers.

Es wurde auf die Untersuchungen von SCHOUTEN und SIEGL hingewiesen, die für eine Platznahme der Buntmetallsulfide auf Kosten der Karbonate und des Pyrits eintreten. Die gegenwärtigen Untersuchungen erbrachten die gleichen Ergebnisse.

Die im Kupferschiefer auftretenden Gefüge wurden in Typen gegliedert. Die diagenetische Überprägung des Kupferschiefers ist sehr stark. Als älteste Gefügebestandteile werden Kugelcalcite genannt. Ihre Bildung steht im Zusammenhang mit der Lebenstätigkeit sulfatreduzierender Bakterien. Außerdem sind sie in der Umgebung inkohlter organischer Substanz angereichert. Die Karbonate sind allgemein stark rekristallisiert. Die Rekristallisation hat auch die Kugelcalcite ergriffen. Sie zeigen teilweise pseudooidische Strukturen. Die Erzmineralisation des Kupferschiefers erfolgte im Zusammenhang mit den diagenetischen Vorgängen, im allgemeinen vor der Bildung der Calcitpseudooide.

Es wurde ein Eh—pH-Diagramm für das System Cu—Pb—Zn—Ag—O—H vorgelegt.

Die petrographisch-erzmikroskopischen Untersuchungen weisen auf eine verhältnismäßig späte Mineralisation der buntmetallführenden Schichten hin. Es dürfte jedoch ein Zusammenhang mit der geologischen Entwicklung des Unteren Zechsteins bestehen.

Diskussion

Prof. Dr. BORCHERT, Prof. Dr. HARDER, Prof. Dr. WEDEPOHL, Dr. UNGETHÜM: Es wurden Probleme im Zusammenhang mit dem vorgelegten Eh—pH-Diagramm behandelt.

K. DETTE, Berlin: Zum Kenntnisstand über die Rote Fäule.

Es wurde ein Überblick über alle im Zusammenhang mit den Problemen der Roten Fäule stehenden Arbeiten gegeben.

Besondere Aufmerksamkeit ist der erstmaligen Erwähnung der Roten Fäule in der Literatur durch FREIESLEBEN im Jahre 1815 geschenkt worden. Dieser hatte die wichtigsten Erscheinungsformen der Roten Fäule und ihren Einfluß auf den Kupferschiefer bereits erkannt.

Es wurde zum Ausdruck gebracht, daß im Verlauf dieser Arbeitstagung zahlreiche Beobachtungen vorgelegt worden sind, die für eine schwellen- bzw. randnahe Bildung der Roten Fäule sprechen. Eine Verbreitungskarte der Roten Fäule im Kupferschiefer der DDR vervollständigte die Ausführungen.

Zusammenfassung

Zusammenfassend kann festgestellt werden, daß von allen Bearbeitern des Kupferschiefers Beobachtungen mitgeteilt wurden, die für eine primäre Anlage der Roten Fäule in durchlüfteten Flachwassergebieten, d. h. in Schwellenfazies, sprechen. Die Bildung der Roten Fäule in Tiefenrinnen wurde nicht belegt. Anhand paläogeographischer, petrofazieller, mineralfazieller und geochemischer Untersuchungen konnten die Bildungsbedingungen der ökonomisch bedeutsamen Metallanreicherungen bereits näher umrissen werden.

Am Nachmittag des 2. Tages wurden die Tagungsteilnehmer in drei Gruppen mit den Erscheinungsformen der Roten Fäule bekannt gemacht. Die sehr gut vorbereiteten Grubenbefahrungen führten in die Schachtanlage Niederröblingen, in den Thomas-Münzer-Schacht, Sangerhausen, und in den Max-Lademann-Schacht, Eisleben.

Den Leitungen des Mansfeld-Kombinats „Wilhelm Pieck“ und des Fachverbandes Mineralogie ist für die Durchführung dieser Tagung, die den derzeitigen Kenntnisstand über das Rotfäuleproblem sehr gut widerspiegelte, zu danken.

Besprechungen und Referate

ZUMBERGE, J. H.

Elements of Geology

2. Aufl., John Wiley & Sons, Inc., London u. New York 1963, 342 S., 221 Abb., 15 Tab., 4 Buntdrucktaf., 49 sh

Nachdem der Verlag Wiley & Sons 1958 erstmalig das Buch ZUMBERGES „Elements of Geology“ herausgebracht hat, legte er nunmehr die 2. Aufl. vor. Die Ausführungen, die Grundzüge der physikalischen und der historischen Geologie darstellen, sind in vielen Punkten vollständiger und umfassender geworden. Dies gilt vor allem für die ersten 11 Kapitel, in denen Fragen der dynamischen Geologie behandelt werden. Hier werden bei der Abhandlung der Probleme der Strukturgeologie, der Landschaftsentwicklung, der Glaziologie und des Paläomagnetismus mit dem neuen Material auch neue wissenschaftliche Gesichtspunkte vorgetragen.

Die Illustrationen wurden vervollständigt und durch Abbildungen ergänzt, die von den oft üblichen wohltuend abstechen. Besonders lobend hervorzuheben sind die Buntdrucktafeln, die in treffsicherer Farbtönung Mineralien und Gesteine wiedergeben.

Der 2. Teil behandelt in den Kapiteln 12 bis 17 die historische Geologie. Die einzelnen Abschnitte sind gut aufgebaut, behandeln aber leider nur sehr kurz und skizzenhaft die anstehenden Probleme.

Zusammengefaßt legen Verlag und Autor in diesem Werk eine sehr gute und sehr übersichtliche Arbeit vor, die dem Fachmann manche Anregung und dem Lernenden viel Wissenswertes zu vermitteln vermag.

K. KAUTER

HILLS, E. S.

Elements of structural geology

Methuen & Co., London 1963, 483 S., 442 Abb., 5.5° £

E. S. HILLS, Verfasser von „Outlines of structural geology“ London 1943, beschränkt sich in seinem neuen Buch auf die Behandlung der Grundelemente der Strukturgeologie. Dadurch war es möglich, die Strukturelemente umfassender und tiefschürfender darzulegen. Jedoch sind die Textteile des Buchs zugunsten der zahlreichen instruktiven Abbildungen relativ knapp gehalten. Das klar und übersichtlich gegliederte Werk enthält in logischer Folge nach der vorangestellten Erläuterung des Begriffs Strukturgeologie die Betrachtung der während der Sedimentation und unmittelbar danach entstandenen Strukturen. Daran schließen sich zur Vorbereitung späterer Kapitel Abschnitte über die physikalischen Grundlagen der Gesteinsdeformationen und, damit zusammenhängend, über die Einflüsse des Mediums, der Zeit und der Substanz an. Darauf folgt die Darstellung der durch tektonische Vorgänge entstandenen Strukturen der verschiedenen Größenordnungen und Arten. Dem Kapitel über die Strukturen magmatischer Körper ist ein Kapitel „Structural Petrology“ nachgeordnet. Den Abschluß des Buchs bildet ein Kapitel über Geomorphologie und Morphotektonik, einschließlich der Behandlung der Lineamente.

Dem deutschen Leser, dem seit kurzer Zeit die Übersetzung der ausgezeichneten, jedoch dem referierten Werk nicht unmittelbar vergleichbaren Strukturgeologie von G. D. ASHGIREI zur Verfügung steht, bietet „Elements of structural geology“ in mancher Hinsicht eine Erweiterung. So zum Beispiel durch die umfassende Behandlung der nicht durch orogenetische und epirogenetische Vorgänge erzeugten Strukturen („Non-diastrophic structures“), jedoch vor allem durch die zahlreichen einprägsamen Abbildungen. Durch eine Reihe von Luftaufnahmen werden Großstrukturen unserer Erdrinde dem Leser nähergebracht.

Hervorzuheben sind noch die sehr zahlreichen Literaturangaben, die das internationale Interesse an diesem wichtigen Gebiet der Geologie widerspiegeln. Leider ist aber dabei die umfangreiche sowjetische Literatur und damit die in diesem Land gewonnene Erkenntnis auf dem Gebiet der Strukturgeologie nur sehr wenig berücksichtigt worden.

Die Motive der vielfach hervorragenden Fotos sind zum überwiegenden Teil der Geologie Australiens entnommen, was Veranlassung gibt zu erwähnen, daß der Autor „the first president of the Geological Society of Australia“ war und z. Z. Professor für Geologie in Melbourne ist.

F. SCHUST

Autorenkollektiv

Unterscheidungsmöglichkeiten mariner und nichtmariner Sedimente

Ein Symposium

„Fortschr. Geol. Rheinld. u. Westf.“, Krefeld, **10** (1963), S. I—XII, 1—482, 93 Abb., 93 Tab., 10 Taf.

Nach einer Einführung durch J. HESEMANN folgen Aufsätze, die (I.) die biologischen, (II.) die geochemischen und (III.) die mineralogischen Kriterien der Unterscheidungsmöglichkeiten mariner und nichtmariner Sedimente beleuchten. Als Ergänzung dazu berichten (IV.) W. ERNST über eine geochemische Gemeinschaftsuntersuchung und (V.) W. KNAUFF in einer vorläufigen Mitteilung „über

Zuchtversuche an *Patellina corrugata* (Foram.) in unterschiedlichen Meerwasserlösungen" sowie K. KREJCI-GRAF in einem umfangreicheren Artikel über die „Diagnostik der Salinitätsfazies der Ölwässer". Ebenfalls K. KREJCI-GRAF — ihm zu Ehren wurde anläßlich seines 65. Geburtstages dieses Symposium gewidmet — gibt schließlich den Rück- und Ausblick, indem er den Stand der gegenwärtigen Untersuchungen sowie die noch offenen Fragen aufzeigt.

In seiner Einführung weist J. HESEMANN auf die wissenschaftliche wie praktische Bedeutung einer umfassenden Faziesanalyse hin. Während früher meist nur einige wenige Fakten und diese noch dazu losgelöst von anderen, mit diesen genetisch oft zusammenhängenden Gegebenheiten betrachtet und gedeutet wurden, kommt die Geologie heute ohne eine enge Zusammenarbeit mit so jungen Sachgebieten wie der Geochemie, der Paläoklimatologie, der Meeresgeologie oder der Paläobiologie nicht mehr aus. Die Materialauswertung wurde dadurch wesentlich erhöht und präzisiert. Trotzdem besitzt aber eine fazielle Aussage gegenwärtig oft noch einen lediglich subjektiven Inhalt. Diesen durch einen weitestgehend objektiven zu ersetzen, wird nur durch gutes Zusammenwirken der Geologie mit ihren Nachbar- und Hilfswissenschaften erreicht werden.

Einen allgemeinen Überblick über die biologischen Kriterien gibt A. REMANE. Fragen wie die Einteilung der Arten nach ihrem ökologischen Verhalten, die Gliederung der Lebensräume nach dem Salzgehalt oder die Diagnose der milieubedingten Kriterien für Marinität und Nichtmarinität sprechen jeden an und schufen auch auf dem Symposium einen guten Ausgangspunkt für angeregte Diskussionen. Besonders die vom Verf. aufgestellte „Artenkurve", die die Beziehungen der Artenanzahl zum Salzgehalt veranschaulicht, ist recht instruktiv. Derartige, oft noch ungelöste Probleme wie: warum tritt ausgerechnet im Zwischenraum Meer—Süßwasser ein auffälliges Artenminimum auf?; wie verhalten sich die Organismen bei Steigerung des Salzgehaltes über das marine Milieu und bei Senkung des Ionengehaltes unter das normale limnische Milieu?; welche Verschiedenheit zeigt die Artenkurve bei den einzelnen Tier- und Pflanzengruppen? sind sehr aktuell.

Den Übergang zu den spezielleren Themen bildet A. PAPPs Arbeit über „das Verhalten neogener Molluskenfaunen bei verschiedenen Salzgehalten". Im allgemeinen läßt sich das vollmarine (euhaline) vom limnischen Biotop auf Grund charakteristischer Faunen gut abgrenzen. Auch für den Bereich zwischen den Extremen gibt es in der Regel sichere Indikationen. Reaktions- und Anpassungsformen, die in der Gegenwart keine Analogien besitzen, erschweren in einigen Fällen jedoch die Beurteilung des Milieus.

Für die Foraminiferen kommt H. HILTERMANN zu dem Schluß, daß die entscheidende Grenze vom Meer- zum Brackwasser, also eine Salinität von 16—18‰, gewöhnlich nicht unterschritten wird. Ausgenommen davon sind nur die euryhalinen, durch eine äußerst geringe Arten-, aber hohe Individuenzahl charakterisierten Formen, die sich in (1.) euryhaline Kalkschaler, (2.) euryhaline Agglutinantia und (3.) stenohaline Formen mit chitinigem Gehäuse gruppieren lassen.

Gegenüber den Foraminiferen treten die Ostracoden sowohl im vollmarinen als auch im brackischen und limnischen Bereich — in diesen zuweilen sogar so häufig, daß sie gesteinsbildend wirkten — auf. Einen ausgezeichneten Überblick über die Möglichkeiten der Rekonstruktion des Ablagerungsmilieus mit Hilfe dieser Fossilien gibt H. J. OERTLI.

Dem gleichen Ziel, nämlich mit Hilfe der Ostracoden Rückschlüsse auf die Entstehungsbedingungen eines Sediments ziehen zu können, galten auch die Untersuchungen G. HARTMANNs. Während jedoch H. J. OERTLI die fossilen (meso- und känozoischen) Formen zum Gegenstand seiner Analyse machte, wird hier die rezente Fauna auf ihre Eignung zur Unterscheidung mariner und nichtmariner Sedimente überprüft.

Daß selbst Lebensspuren von Wirbellosen — wenn auch nur bis zu einem gewissen Grad — als Indikatoren bestimmter Salinitätswerte verwandt werden können, beweist A. SEILACHER. Beispiele hierfür sind insbesondere aus dem paralischen Oberkarbon bekannt. In ariden Biotopen, beispielsweise des Buntsandsteins, ist die notwendige geochemische Eichung dieser Fossilien jedoch schwierig; hier wird sie an bestimmten Rhythmen oder Zyklothemen vorgenommen.

Eine „Diagnose von Brackwassersedimenten mit Hilfe der Diatomeen" nimmt H.-D. DAHM vor. Wie stets bei paläontologischen Interpretationen muß auch hier streng zwischen autochthonen und allochthonen Formen, d. h. zwischen Bio- und Thanatocönose, unterschieden werden.

Interessant ist auch die Feststellung G. v. d. BRELIEs, daß sich mit Hilfe des in terrestrischen Sedimenten umgelagert vorkommenden marinen Phytoplanktons (besonders der Hystrichosphaerideen) sowie von Chenopodiaceen-Pollen bei gebührender Berücksichtigung der paläogeographischen Verhältnisse Hinweise über die Ausdehnung der marinen Beeinflussung machen lassen.

Über Charophyten und Halophyten und ihre Beziehungen zur Salinität berichtet K. MÄDLER. Charophyten, die bereits aus dem Devon bekannt sind, kommen nur in limnischen oder schwach brackischen Sedimenten vor, Halophyten dagegen auch bzw. nur in marinen.

Als Einführung zum Abschnitt über die geochemischen Kriterien der Unterscheidungsmöglichkeiten mariner und nichtmariner Ablagerungen stellt K. H. WEDEPOHL einige grundlegende „Überlegungen zur Geschichte des Meerwassers" an. Fragen wie der Einfluß der „Uratmosphäre" auf die Zusammensetzung von Meerwasser und Atmosphäre sowie die qualitative und quantitative Änderung derselben im Laufe der Erdgeschichte dürften jeden interessieren.

Über „Evaporite aus normalem und verändertem Meerwasser" berichtet O. BRAITSCH. Neben der Verteilung und Menge der Salzausscheidung seit dem Kambrium, den wichtigsten Typen der Kalisalzlagerstätten u. a. werden auch Kriterien für die Erkennung festländischer Einflüsse behandelt.

Um die Auswirkung der Salinität und anderer Milieufaktoren in geochemischer Beziehung zu ermitteln, wurden eine Reihe rezenter Sedimentproben von S. LANDERGREN & F. T. MANHEIM untersucht. Es stellte sich dabei heraus, daß sich als Indikatoren für den Salinitätsgrad bedingt Barium und Strontium, am besten aber Bor eignen.

Eine weitere Möglichkeit, marine von nichtmarinen Sedimenten zu unterscheiden, zeigt F. HECHT auf. Seine „Uran- und Thoriumbestimmungen in österreichischen Wässern und Gesteinen" ergaben nämlich, daß Urangehalte über ca. 4 g/t nur in terrigenen Bildungen aufzutreten scheinen.

Ebenfalls mit den Uran- und Thoriumgehalten in Sedimenten beschäftigten sich F. KOCZY, P. S. ANTAL & O. JOENSUU. Sie kommen zu dem Ergebnis, daß das Uran wahrscheinlich mit dem Grundwasserspiegel verlagert und durch den Gehalt an organischer Substanz beeinflußt wird, während sich Thorium durch den Verwitterungsprozeß anreichert. Daraus wird geschlossen, daß das Th:U-Verhältnis als Hilfsmittel zur Unterscheidung mariner und nichtmariner Ablagerungen ungeeignet ist.

Inwieweit andere geochemische Methoden zur Faziesanalyse herangezogen werden können, wird von W. D. JOHNS (Chlor), S. KORITNIG (Fluor), W. RICKE (Schwefel), H. WERNER (Ca:Mg-Verhältnis) und H. HARDER, W. ERNST sowie D. H. PORRENGA (Bor) eingehend diskutiert. Die Spurenelementgehalte von Molluskenschalen untersuchte F. LEUTWEIN, die Aminosäuren in Posidonien-Schiefern H. KROEPELIN. Erste Ergebnisse der Untersuchungen über die Verwendbarkeit der Kohlehydrate und Aminosäuren in Sedimenten als Milieuindikatoren werden von A. A. PRASHNOWSKY mitgeteilt.

Die Einführung zu den Arbeiten über die mineralogischen Kriterien gibt C. W. CORRENS mit einer kurzen und schematischen Darstellung der Tonminerale.

B. KÜBLER führte „Untersuchungen über die Tonfraktion der Trias der Sahara" durch. Er erkannte, daß der gut kristallisierte Kaolinit das küstennahe, der Illit das normale marine, der für die Trias typische Chlorit das hypersalinare und die wechsellagernden Chlorit-Montmorillonit-Minerale den Übergang vom normal marinen zum hypersalinaren Milieu charakterisieren.

Die Zusammenhänge zwischen der sog. Mineralfazies und den Borgehalten behandelt G. STADLER. Nach seinen bei der Analyse verschiedener oberkarbonischer und rotliegender Tonsteine Nordwestdeutschlands und des Ruhrgebietes gewonnenen Erfahrungen lassen sich marine Schichten durch ihre erhöhte Borführung bei gleichzeitiger Kaolinitarmut deutlich von nichtmarinen Ablagerungen unterscheiden.

H. KRUMM ermittelte den „Tonmineralbestand fränkischer Keuper- und Juratone unterschiedlicher Entstehung" und konnte feststellen, daß einerseits Unterschiede zwischen terrestrischen und stratigraphisch äquivalenten marinen Sedimenten bestehen, andererseits aber auch klimabedingte Variationen allein schon bei den terrestrischen Ablagerungen auftreten.

Einen ebenfalls sehr interessanten Beitrag stellen H. FÜCHTBAUERs Untersuchungen über den „Einfluß des Ablagerungsmilieus auf die Farbe von Biotiten und Turmalinen" dar, ließ sich doch nachweisen, daß rotbraune Biotite und olivfarbene Turmaline nur in brackisch-marinen, grüne und braune Turmaline dagegen in limnofluviatilen Sedimenten relativ angereichert sind.

Über Oolithe und ihre unterschiedlichen (vollmarinen, litoralen, lagunären) Entstehungsbedingungen berichten schließlich H. E. USDOWSKI (Rogenstein des norddeutschen Unteren Buntsandsteins) und W. M. BAUSCH (süddeutscher Malm).

Als Ergänzung zu den auf dem Symposium gehaltenen Vorträgen über die geochemischen Kriterien veröffentlicht W. ERNST die Ergebnisse einer von mehreren Teilnehmern des Kolloquiums durchgeführten Gemeinschaftsuntersuchung, die den Zweck verfolgte, die verschiedenen Methoden der Paläosalinitätsbestimmungen an einem gleichartigen Probenmaterial anzuwenden und die dabei gewonnenen Resultate miteinander zu vergleichen. Proben aus dem Oberkarbon, Tertiär und von postglazialen Sedimenten wurden auf Bor-, Eisen-, Mangan-, Schwefel-, Uran- und Thoriumgehalte untersucht. Dabei erwiesen sich Bor, Schwefel und das Eisen:Mangan-Verhältnis als die besten Salinitätsindikatoren.

Weitere ergänzende Aufsätze stammen von W. KNAUFF und K. KREJCI-GRAF. W. KNAUFF berichtet in einer vorläufigen Mitteilung „über Zuchtversuche an *Patellina corrugata* (Foram.) in unterschiedlichen Meerwasserlösungen". Diese Zuchtversuche fanden in Meerwasser von 32,5‰, 26‰ und 18,1‰ Salzgehalt statt, um Veränderungen im Spurenelementgehalt der Schalen festzustellen. K. KREJCI-GRAF gibt eine „Diagnostik der Salinitätsfazies der Ölwässer". Gegenüber den „festen Gesteinen" ist hier die Faziesanalyse insofern schwieriger, als petrographische, faunistische und floristische oder strukturelle und texturelle Merkmale wegfallen. Allein die Geochemie kann Auskunft über Herkunft und Milieu zur Zeit der Bildung geben.

Den Abschluß bildet K. KREJCI-GRAFs Rück- und Ausblick. Die geeignetsten Faziesindikatoren — das hat das Kolloquium erneut bewiesen — bleiben zweifelsohne nach wie vor Fauna und Flora. Trotzdem ist oft Vorsicht geboten, da beispielsweise marine Formen zum Teil auch im Süßwasserbereich vorkommen können und umgekehrt, da der Lebensort nicht mit dem Bestattungsort identisch zu sein braucht oder da einige Individuen ihren Lebensraum im Laufe der Erdgeschichte änderten. Es ist deshalb wichtig, eine Vielzahl von Fakten zur Faziesanalyse heranzuziehen.

Die Fülle des Stoffes erlaubte nur eine skizzenhafte Wiedergabe des Gebotenen. Viele interessante und wichtige Einzelheiten mußten aus diesem Grund zwangsläufig unberücksichtigt bleiben. Jeder Geologe sollte deshalb diesen hervorragenden Symposiumsband selbst einmal zur Hand nehmen.

D. FRANKE

KARRENBERG, H., H. KÜHN-VELTEN, H. SCHELLHORN, G. STADLER & R. WOLTERS

Geologische und bodenmechanische Ursachen von Rutschungen, Gleitungen und Bodenfließen

„Forsch.-Ber. L. Nordrhein-Westfalen", Nr. 1138, Westdeutscher Verlag, Köln u. Opladen 1963, 89 S., 59 Abb.

In der Einleitung weisen die Autoren auf die Wichtigkeit der Untersuchungen über die Standfestigkeit von Böschungen hin, die auf Grund zunehmender Bautätigkeit immer mehr an Bedeutung gewinnen.

Schon bei der Planung von Bauwerken ist auf die Möglichkeit von Hangbewegungen einzugehen, um rechtzeitig ausreichende Vorkehrungen für die Sicherheit von Bauwerken zu treffen.

Bei den durchgeführten bodenphysikalischen Untersuchungen handelt es sich um einige einfache Feststellungen (natürlicher Wassergehalt, Fließ-, Ausrollgrenze, Bildsamkeit, Zustandszahl, Durchlässigkeit).

Im Kap. 2 werden Begriffsbestimmungen behandelt, besonders die Begriffe Rutschen, Gleiten und Bodenfließen.

Auf Seite 13 wird auf morphologischer Basis eine Systematik der Erscheinungen von Bodenbewegungen gegeben:

A. Stürzen und Fallen: 1. Abbröckeln und Abrieseln; 2. Abreißen an vorgezeichneten Flächen, z. B. Hangausbrüche (z. T. Felsstürze, z. T. Bergstürze); 3. Abreißen ohne vorgezeichnete Flächen, z. B. Hangausbrüche und Felsstürze durch künstliche Versteilung, durch Unterschneidung infolge Erosion oder durch Verwitterung; 4. Nachbrechen von Erdschollen durch Ausspülen oder Auflösen unterlagernder Schichten, Erdfälle und Dolinen.

B. Rutschen und Gleiten (Gefüge in Schollen bleibt erhalten)

1. Rutschung auf vorgezeichneten Flächen, wie Klüften und Störungen; 2. Rutschung oder Gleitung auf Schichtflächen; 3. Gleitung auf nichtvorgezeichneten Flächen durch Gleitflächenbildung.

C. Fließen (immer mit Gefügeveränderung verbunden)

1. Fließen auf vorgegebener Unterfläche (Schichtgrenze); 1.1. Ausfließen der ganzen Masse; 1.2. Ausfließen einer tieferen Schicht und Nachbrechen des Hangenden in Schollen mit Absenkung (z. B. Bruchsenkung nach LEHMANN);

2. Fließen ohne vorgezeichnete Basis.

D. Kriechen, incl. Talzuschub und Bergzerreißung von STINI

Die weiteren Abschnitte der Arbeit befassen sich mit speziellen Untersuchungen der Autoren. So werden z. B. die Ursachen der Erdbewegungen in Tonen des Alttertiärs im Raum Düsseldorf behandelt.

Sehr interessant sind auch die Arbeiten der Autoren in den mesozoischen Gesteinen des Wesergebirges, wo die Abhängigkeit des Böschungswinkels von Material, Schichtenneigung und Zeit untersucht werden sollte (Korallenoolith, Heersumer Schichten, Ornaten-Ton, *Opalinus*-Ton).

Die Darstellung der Meßergebnisse erfolgte in graphischer Form, wobei die Lagekugelprojektion gewählt wurde. Zahlreiche Diagramme veranschaulichen die Ergebnisse der Böschungswinkelmessungen der verschiedenen Gesteine.

Die vorliegende Veröffentlichung ist eine wertvolle Gemeinschaftsarbeit der genannten Autoren. Zahlreiche Anregungen sind auch für die Belange unserer Ingenieurgeologen, die sich mit solchen oder ähnlichen Problemen beschäftigen, sehr nützlich.

Die Gliederung der Arbeit ist übersichtlich und die Ausstattung des Buches ansprechend.

G. BACHMANN

VINCENT, P. M.

Les volcans tertiaires et quaternaires du Tibesti occidental et central (Sahara du Tchad)

„Mémoires du Bureau de Recherches Géologiques et Minières", Nr. 23, Paris 1963

Das etwa 100000 km² umfassende Bergland von Tibesti liegt im äußersten Norden der Republik Tschad, etwa in der Mitte zwischen der Küste der Syrten und dem Tschadsee. Dieses Hochland wurde zuerst von NACHTIGAL 1869, dann von TILHO um 1920 und später von DALLONI, LACROIX und anderen erforscht. Die vorliegende Arbeit des Autors gibt eine vorzügliche, durch zahlreiche Skizzen und 73 Luftaufnahmen eindrucksvoll ausgestattete Darstellung des 40000 km² umfassenden Gebiets, in dem in West- und Zentraltibesti der tertiäre und quartäre Vulkanismus vorherrschend ist, der im Emi Koussi mit 3415 m seine höchste Erhebung erreicht. Die Erkundungsergebnisse werden demnächst in einer Karte 1:250000 erscheinen.

Der Autor unterscheidet drei vulkanische Epochen, nämlich die Serien alter schwarzer, alter heller und rezenter schwarzer Laven. Die alten schwarzen Laven werden in zwei Unterabteilungen eingeteilt, die Serie des Trapps und die Serie des Hawaiityps. Die erste dieser Serien ist gekennzeichnet durch schwach alkalische Basalte, die reich an Olivin sind, subdoleritische Struktur besitzen und sich durch titanhaltige Augite nebst etwas Nephelin auszeichnen. Die Laven des Hawaiityps sind übersättigt, sie zeichnen sich durch einen megaporphyrischen Labrador aus; sie sind mit Andesiten vergesellschaftet und gehen in ihren jüngeren Ergüssen in Rhyobasalte oder Dazitoide über. Unter den älteren hellen Laven nehmen Rhyolithe, die häufig in säulenförmiger Absonderung auftreten, den ersten Platz ein. Der Autor teilt diese Serien noch in 5 Unterabteilungen ein, die durch das Auftreten von Trachyten, Phonolithen, Ignimbatiten und Mikrograniten gekennzeichnet sind. Die wenig verbreiteten rezenten schwarzen Laven bestehen vorwiegend aus olivinreichen Basalten mit Nephelin. Die jüngsten Ergüsse, die nur aus wenigen, meist über 3000 m hohen Vulkankegeln erfolgten, zeigen einen Zwischentyp zwischen schwarzen und hellen Gesteinen, wobei Rhombenporphyre, kalkalkalische Rhyolithe, Trachyandesite usw. auftreten. Auf die beachtenswerten zahlreichen Einzelheiten der 247 Seiten umfassenden Abhandlung kann hier nicht eingegangen werden.

Der Autor weist mit Recht darauf hin, daß sich der eigenartige komplexe Charakter der Tibestivulkane auch südlich der Sahara wiederfindet. Unter anderem unterstreicht er die Zusammenhänge zwischen dem ausgebreiteten Vulkanismus längs des Tiefenbruches zwischen dem Hochland von Kamerun und den Tiefländern Nigerias und dem von Tibesti.

Er zieht unter anderem Parallelen zwischen den Laven des 4070 m hohen tätigen basaltischen Kamerunberges sowie denen seines aus hellen Laven aufgebauten Nebenkraters Etinde und den Laven des 3265 m hohen, bis auf Fumarolentätigkeit schlafenden Tibestivulkans Tousside. Unterstrichen werden diese Zusammenhänge durch Beobachtungen, die der Referent im größten Vulkanmassiv Adamauas, etwa in der Mitte zwischen dem Kamerunberg und den Tibestivulkanen, machte. Dieser mächtige Vulkan Gangha oder Ngau Mbum dürfte mit seiner etwa 5 km Durchmesser besitzenden Kaldera, mit seinen grobporphyrischen Andesiten, mit seinen schweren, Hornblende und Titaneisen enthaltenden Basalten, den frischen Aschen- und Lapillifeldern und möglicherweise noch schwacher Fumarolentätigkeit gleichfalls zu den schlafenden Vulkanen gehören.

Das vegetationslose Tibestigebiet eignet sich ganz besonders dazu, den Schlüssel zu der komplexen vulkanischen Tätigkeit der südlichen Gebiete, in denen Vegetation und tiefgründige Verwitterung die Beobachtung außerordentlich erschweren, zu liefern. Infolgedessen haben die Beobachtungen und Abbildungen des Autors eine weit über den Rahmen seiner Abhandlung hinausgehende Bedeutung.

E. Lange

Potter, P. E., & F. J. Pettijohn

Paleocurrents and Basin Analysis

Springer-Verlag, Berlin—Göttingen—Heidelberg 1963, 296 S., 130 Abb., 30 Taf.

Noch vor wenigen Jahrzehnten lag die Sedimentologie am Rande der geologischen Wissenschaften, die Domäne eines Privatdozenten im höchsten Falle, der vor einem kleinen Kreis fakultativer Hörer seine Wissenschaft ausbreitete. Wie hat sich das geändert! Das sieht man besonders, wenn man das Buch der beiden bekannten amerikanischen Sedimentologen aufschlägt. Auf $39^1/_2$ Seiten finden sich ungefähr 1000 Literaturangaben von ca. 630 Autoren und davon der Löwenanteil aus den letzten Jahren! Wie eine gesunde, lebenskräftige Population wächst die Zahl der Arbeiten exponentiell an. Dabei sind noch nicht einmal alle erfaßt, was man leicht durch Vergleich mit der vom Weltgeologenkongreß veranlaßten und von Vatan u. a. besorgten Bibliographie feststellen kann. Langsam kommt etwas Licht in das Dunkel, das noch viele Vorgänge der Sedimentbildung umgibt. Und niemand wird bezweifeln, daß es dringend notwendig ist; denn viele grundsätzliche Fragen der Geologie, vor allem aber der Lagerstättenbildung, hängen ja daran. Auf der anderen Seite geht es dem Wahrheitssucher wie dem Mann im Urwald: Das üppige Wachstum nimmt ihm die Sicht, er läuft im Dämmerlicht und kann sich leicht verirren.

Deshalb ist ein Buch wie das vorliegende um so nötiger. Es sichtet, faßt zusammen, wägt kritisch ab. Es untersucht alle Gesteinseigenschaften, die auf Strömung beruhen, und die Methodik, wie diese Beobachtungen zu einem paläogeographischen Bild zusammengefügt werden können. Dazu gehören das Gesteinsgefüge, die Kornorientierung, Fossilorientierung, die anisotropen geophysikalischen Eigenschaften, Kreuzschichtung, Rippelmarken und Sandwellen. Jedesmal sind Untersuchungsmethodik und Interpretation behandelt. Dann folgt das große Gebiet der Sohlmarken, der Stoß-, Kolk-, Belastungs- und Schleifmarken, der Gletscherschrammen, der Fließwülste verschiedenster Art, der Knotengesteine und der Gleit-, Rutsch- und Fließstrukturen.

Auch die interne Struktur und die Form ganzer Sedimentkörper sind das Ergebnis vektorieller Kräfte der gesuchten Art. In den letzten Kapiteln werden die Ergebnisse zu einem umfassenden Bild der Beckenentwicklung zusammengebaut — soweit das bis jetzt möglich ist. Auch die mathematischen Methoden der Interpretation sind nicht vergessen und nehmen den gebührenden Platz ein.

Das vorzüglich ausgestattete Werk wird sicher für die nächste Dekade die Grundlage für alle sein, die sich mit der Dynamik der Sedimentologie beschäftigen. Schon allein die Bibliographie ist von größtem Wert. Zum Wohle der Wissenschaft kann man nur wünschen, daß es oft gelesen und zu Rate gezogen wird.

R. Meinhold

Frankel, P. H.

Öl — Tatsachen — Tabus

„Schr.-R. Forsch.-Stelle Friedrich-Ebert-Stiftung", Verl. für Literatur und Zeitgeschehen, Hannover 1963, 47 S., 8,20 DM

Unter diesem etwas reißerischen Titel verbirgt sich eine großzügige Analyse der Erdölwirtschaft und der Erdölpolitik kapitalistischer Länder, die in recht selbstgefälliger Form vorgetragen wird. Die Probleme, die behandelt werden, sind eben solche, die dem Kapitalismus eigen sind: geographische Verteilung der Rohstoffe, der Erdöle und Erdgase; unterschiedlich hohe Erzeugungskosten der Rohprodukte; verschieden gültige Frachtraten, die zu Zusammenballungen der Produkte an wenig günstigen Orten führt, und vieles andere mehr. Des weiteren spielt die Frage der Preisabsprache zwischen den „Sieben Schwestern" wie der ENI-Präsident Enrico Mattei die großen Öltrusts genannt hat, eine Rolle und die finanzielle Bedrängnis, die ihnen durch das Emporsteigen einiger Außenseiter der Ölgesellschaften erwuchs. Verf. schließt mit einigen wohlgemeinten Vorschlägen für eine Normalisierung der recht chaotisch gewordenen Zustände durch den Abbau einiger „Tabus" — wie er es nennt —, Gedanken und Ausführungen, die uns wenig berühren, weil bei uns nicht der Profit das Maß aller Dinge ist, sondern der Mensch und sein Wohlergehen. Immerhin werden in dieser Arbeit einige recht interessante Details vorgelegt, die den Erdölspezialisten, vor allem in der Förderung und in der Verarbeitung, interessieren dürften.

K. Kauter

Neuerscheinungen und Literaturhinweise

Wendelstein, B. J.

Nomogramme und Paletten zur Interpretation der Ergebnisse geophysikalischer Bohrlochuntersuchungsmethoden

Gostoptechisdat, Moskau 1963, 64 S.

Autorenkollektiv

Geochemie der Grundwässer in einigen Gebieten Turkmeniens und Usbekistans

Verl. AN SSSR, Moskau 1963, 100 S.

Autorenkollektiv

Materialien zur Geologie, Hydrogeologie, Geophysik und über die Bodenschätze Westsibiriens

Gostoptechisdat, Leningrad 1963, 172 S.

Rodionow, N. W.

Der Karst des europäischen Teils der UdSSR, des Urals und des Kaukasus

Gosgeoltechisdat, Moskau 1963, 176 S.

Autorenkollektiv
Stratigraphie der UdSSR
Gosgeoltechisdat, Moskau 1963, 398 S.

BOGAZKI, W. W.
Mathematische Analyse eines Erkundungsnetzes
Gosgeoltechisdat, Moskau 1963, 212 S.

ALBOW, M., & W. L. TSCHELYSCHEW
Mechanisierung der Bemusterung der Kerne beim Erkundungskernbohren
Gosgeoltechisdat, Moskau 1962.

BRAITSCH, O.
Entstehung und Stoffbestand der Salzlagerstätten (Mineralogie u. Petrographie in Einzeldarstellungen)
Springer-Verl., Berlin, Göttingen, Heidelberg 1962, 232 S.

Nachrichten und Informationen

Erdöl/Erdgas

Nachteile und Vorzüge des Erdgases

Die Schwierigkeiten des Erdgastransports, besonders für den Überseetransport, brachten es mit sich, daß bisher für den Verbrauch in einem Lande meist dessen Eigenvorräte bestimmend waren. Heute schreckt man auch vor großen Entfernungen nicht mehr zurück. Das Erdgas von Groningen, das im eigenen Lande gar nicht verbraucht werden kann, wird sich zwar, sobald die großen Pipelineplanungen verwirklicht sind, für die an Holland angrenzenden Länder (inclus. Großbritannien) zur Hauptquelle entwickeln; aber auch das Saharagas wird in Westeuropa in großem Umfang Verwendung finden. In dem algerischen Hafen Arzew ist die Verflüssigungsanlage für die Verschiffung nach Frankreich und England im Bau, und selbst das Erdgas von Venezuela kommt für Europa in Frage. Das Versuchsschiff „Methane-Pioneer" macht seine Probefahrten für den Transport nach Großbritannien.

Die USA sind sowohl wegen ihrer großen Vorräte wie auch durch die schnelle Entwicklung ihrer Pipelinesysteme und Verbrauchernetze in der Produktion wie im Verbrauch von Erdgas mit großen Schritten vorangegangen. Der Verbrauch stieg dort von 75 Mrd. m^3 1940 auf 178 Mrd. m^3 1950 und 360 Mrd. m^3 1961. Der jährliche Verbrauchszuwachs nahm von 2 Mrd. 1940 auf 16,5 Mrd. m^3 1961 zu. Die Vorräte der USA werden Anfang 1964 auf 7500 Mrd. m^3, die der UdSSR auf 2000 Mrd. m^3 geschätzt. An dritter Stelle steht nun bereits Groningen mit 1200 Mrd. m^3. Demgegenüber sind die Ende 1963 auf 120 bis 140 Mrd. m^3 geschätzten Eigenvorräte Westdeutschlands bescheiden. Immerhin ist die Zunahme seit den 1,5 Mrd. m^3, die 1950 angenommen wurden, sehr erheblich.

Der Erdgasverbrauch stieg in der UdSSR von 6 Mrd. m^3 1950 auf 61 Mrd. m^3 1961, in den VR Rumänien, Polen, Ungarn, ČSSR zusammen von 2 Mrd. 1950 auf 12 Mrd. m^3 1961 und in Westeuropa von 1 Mrd. 1950 auf 14 Mrd. m^3 1961.

Der Vormarsch des Erdgases ist zwar in der Hauptsache auf die geringeren Preise gegenüber der Steinkohle zurückzuführen; besonders für den Hausbrand aber kommen andere Vorzüge hinzu. In „Der Volkswirt", Frankfurt/Main, Nr. 50, 13. 12. 1963, werden diese wie folgt gekennzeichnet:

1. Erdgas braucht keine Vorratsbehälter wie z. B. Heizöl. Daher keine Gefährdung des Grundwassers.
2. Erdgas ist CO-frei, also völlig giftfrei.
3. Erdgas kann schwefelfrei geliefert werden, so daß die Verbrennung die Luft nicht verunreinigt.
4. Erdgas verbrennt ohne Rückstände, also keine Müllbeseitigung. Diese Vorzüge gelten für ungespalten geliefertes Erdgas.

Die Bedeutung des Erdgases als Energieträger und als Ausgangsmaterial der chemischen Industrie sei hier nur erwähnt. —Ha—

Die Öl- und Gassuche in der Nordsee

Die geophysikalischen Erkundungen, die das Forschungsschiff „Gauß" zusammen mit fünf Hochseefischkuttern in westdeutschem Auftrag im August 1963 in der Nordsee vornahm, haben sich, wie die „Erdöl-Zeitschrift", Wien, Nov. 1963, mitteilt, auf zwei Profile von insgesamt 650 km Länge erstreckt. Eines davon reicht von etwa 100 km westlich Esbjerg bis zum Fladengrund, 200 km östlich der Nordspitze von Schottland. Das zweite zweigt davon ab und läuft durch die Norwegische Rinne in Richtung auf Kristiansand. Die Profile wurden reflexionsseismisch, refraktionsseismisch, gravimetrisch und magnetisch vermessen. Die Auswertung der Meßergebnisse ist noch im Gange.

Für Bohrungen vor dem westdeutschen Küstengebiet soll eine Bohrplattform eingesetzt werden, die von der amerikanischen „Reading and Bates Offshore Drilling Co.", Tulsa, geliefert wird. Nördlich von Borkum wird von einer anderen Plattform bereits die Bohrung Nordsee A 1 vorgenommen. —Ha—

Öl- und Gasleitungen nach Arzew

Dem Transport des Saharaöls nach dem Mittelmeer diente bisher hauptsächlich die von Hassi Messaoud in 660 km Länge nach dem Hafen Bougie laufende 22/24"-Leitung, die 14 Mill. t jährlich beförderte und außer dem Öl von Hassi Messaoud selbst auch Öl aus anderen Feldern transportierte. Da sie nicht annähernd mehr ausreicht, wurde (nach „Erdöl und Kohle", Nr. 11, 1963) von 16 am Saharaöl beteiligten Ölgesellschaften eine Transportgesellschaft für den Bau einer neuen großen Leitung gegründet. Diese wird eine Länge von 700 km haben und bei 24" ⌀ und einer Anfangskapazität von 8—9 Mill. t/a über Hassi R'Mel nach dem algerischen Hafen Arzew führen, wo ein neuer Ölhafen angelegt wird. Auch eine 510 km lange Erdgasleitung von Hassi R'Mel nach Arzew mit einer Jahreskapazität von 2 Mrd. m^3 ist geplant. Eine Erdgasverflüssigungsanlage ist dort bereits im Bau, denn das Gas soll in verflüssigter Form nach England und Frankreich verschifft werden. Ursprünglich war eine Verdopplung der bestehenden Gasleitung nach Bougie vorgesehen. Die algerische Regierung stimmte den neuen Plänen zu. —Ha—

Kohle

Technische Fortschritte im Kohlenbergbau der UdSSR

In der Modernisierung des Kohlenbergbaus, die sich besonders auf den Tagebau erstreckte, wurden 1963 in der UdSSR bedeutende Fortschritte erzielt. Durch die Verwendung hydraulischer Abraumbänder und vollmechanisierter Sortier- und Ladeanlagen sowie von Spezialmaschinen für den Abbau an steilen Flözen konnte die Arbeitsproduktivität auf das 1,8- bis 2fache gesteigert werden. Der Anteil der Tagebauförderung an der Gesamtförderung stieg dadurch auf 22,5%. Gegenüber 1958 wurde 1963 im Tagebau eine um 21% erhöhte Leistung erreicht. Auch der Anteil der Kokskohle an der Gesamtförderung nahm erheblich zu. Er betrug 1963 23,4% gegenüber nur 19,1% 1958. Die Kohlenförderung der UdSSR, die 1963 530 Mill. t betrug, soll 1964 auf 537 Mill. t und 1965 auf 553 Mill. t gebracht werden. Zwei Drittel dieser Mehrleistung werden von der Modernisierung des Tagebaus erwartet. Die monatliche Produktion je Arbeiter soll 1964 in der RSFSR auf 62,8 t und in Kasachstan auf 74,5 t gebracht werden. Im Tagebau war 1963 die Arbeitsproduktivität 6mal so hoch wie in den Gruben. —Ha—

Der Braunkohlenbergbau in der VR Polen

Auf der 6. Weltkraftkonferenz in Melbourne wurden die polnischen Braunkohlenvorräte mit 35 Mrd. t angegeben. Diese Menge entspricht etwa 11 Mrd. t SKE, das sind etwa 10% der polnischen Steinkohlenvorräte. Die Heizwerte liegen zwischen 1800 und 2600 kcal; im Durchschnitt betragen sie etwa 2200 kcal. Im Jahre 1960 erreichte die polnische Braunkohlenförderung 9,3 Mill. t. Bis 1965 ist eine

Förderung von 27 Mill. t geplant; 1980 will man 110 Mill. t Braunkohlen gewinnen. Das A:K-Verhältnis beträgt etwa 3:1, wird sich jedoch in den nächsten Jahren ungünstiger entwickeln. —s—

Die Grenze Westfal/Namur

Auf dem V. Internationalen Kongreß für Geologie und Stratigraphie des flözführenden Karbons, der vom 9.—12. September 1963 in Paris stattfand, tagte neben anderen Kommissionen auch die Internationale Subkommission für Stratigraphie des Karbons. In dem Bemühen, Unklarheiten bezüglich gewisser Abgrenzungen zu beseitigen, faßte diese Kommission zwei Beschlüsse, die dem Internationalen Geologischen Kongreß in Indien 1964 vorgelegt werden sollen. Der erste betrifft die Grenze Westfal/Namur. Diese soll künftig allein durch das Leitfossil *Agastrioceras subcrenatum* FRECH charakterisiert werden, während die Form *Agastrioceras langenbrehmi* WEDEKIND nicht mehr dazu verwandt werden soll. Ferner soll die Kennzeichnung des Westfal D durch *Mixoneura ovata* künftig fortfallen, da diese Pflanze noch im Stefan vorkommt, und ein anderes Charakteristikum für Westfal D gesucht werden. Die Kommission behandelte ferner im Hinblick auf die Geologische Karte von Europa Fragen wie die der Grenzen Devon/Karbon und Karbon/Perm. —Ha—

Erze

Die Eisenerze von Patagonien

In Patagonien (Südargentinien) wurden in den letzten zwei Jahren in der Sierra Grande Untersuchungen auf ein bedeutendes Eisenerzvorkommen betrieben. Sie wurden im Auftrage der Minera y Siderurgica Patagonica S. A. (Misipa) von der Demag, Duisburg, durchgeführt und ergaben 48,4 Mill. t nachgewiesene sowie 15,3 Mill. t vermutete Vorräte. Die erzführenden Schichten haben eine Mächtigkeit von 900 bis 1100 m. Die Erze haben 58% Fe-Gehalt bei relativ hohem P-Gehalt. In Puerto Madryn wurde nicht weit von dem Vorkommen die Aufbereitungsanlage fertiggestellt. Für die Verhüttung steht in Argentinien jedoch nur der eine Hochofen von San Nicolas zur Verfügung, der jährlich 500000 t Erz aus dem Vorkommen Sierra Grande verhütten kann. In dem an die bereits untersuchten Lagerstätten nördlich anschließenden Bereich werden weitere 20 Mill. t vermutet, so daß die Gesamtvorräte auf 80—90 Mill. t geschätzt werden. —Ha—

Das Eisenerzvorkommen von Svappavaara

Die Eisenerzvorräte von Svappavaara in Schweden, deren Erschließung im Gange ist, werden auf mindestens 250 Mill. t geschätzt. Die im Bau befindliche Grube, die bis 1967 eine Kapazität von 5,2 Mill. t Roherz erreichen soll, wird voraussichtlich die drittgrößte Eisenerzgrube Schwedens werden. Der Fe-Gehalt der Erze schwankt zwischen 35 und 60% bei meist geringem Phosphorgehalt. —Ha—

Buntmetallerze in der Türkei

Mehrere Pyrit- und Buntmetallerzlagerstätten sind im Bereich der östlichen Schwarzmeerküste der Türkei ausgebildet. In einem der mediterranen Geosynklinalregion zugeordneten Gebiet tritt eine vulkanische Serie auf. Sie besteht vom Liegenden zum Hangenden aus alten Graniten und metamorphem Kristallin, jurassischen und unterkretazischen vulkanogen-sedimentären Gesteinen sowie sog. „alten Spiliten" („Berg- und hüttenmännische Monatshefte", 4/63). Der darüber folgende Dazit I ist erzführend. Zum Hangenden sind weiter der bis ins Eozän reichende Dazit II, die obere Spilitserie (mit Kalken und Tuffen) und der Dazit III ausgebildet. Die als subvulkanisch-hydrothermale Verdrängungs- und Ganglagerstätten charakterisierten Erzlagerstätten bestehen aus Pyrit und Kupferkies. Abgebaut wird der Erzkörper Mugul. Die Kupfergehalte dieses bis 100 m mächtigen und 1500 m im Streichen verfolgbaren Erzkörpers erreichen bis 2%. Bleiglanz und Zinkblende führen besonders Ganglagerstätten. —s—

50% der Weltkupfererzförderung in jungen Nationalstaaten

An der Zunahme der Weltproduktion von Kupfererz, die im letzten Jahrzehnt durchschnittlich 4,5% jährlich betrug und für 1967 eine Weltjahresproduktion von 4,8 bis 4,9 Mill. sh. t erwarten läßt, sind die jungen Nationalstaaten stark beteiligt. Sie produzieren gegenwärtig etwa die Hälfte der Weltproduktion, die von 1960—1963 insgesamt um 318000 sh. t angestiegen ist: in den USA um 137000, in Chile um 58000, in Mexiko um 10000, in Afrika um 27000, in Europa um 25000, in Australien um 61000 sh. t. Die bedeutendsten kupferproduzierenden jungen Nationalstaaten sind die Kongorepublik und Nordrhodesien, dazu kommen Chile und Peru. Nordrhodesien besitzt neuen Schätzungen nach ein Viertel der gewinnbaren Weltvorräte. Die Erschließungsprojekte der nächsten Jahre versprechen eine Steigerung der Kapazitäten in den USA um 23000, in Kanada um 56000 sh. t jährlich. Etwa 80% der Steigerung insgesamt entfallen auf die jungen Nationalstaaten. —Ha—

Steigender Verbrauch von Nickel

Der Verbrauch von Nickel ist 1963 in den kapitalistischen Ländern mit 238000 t gegenüber dem Vorjahr um 23000 t angestiegen. In den USA wurden allein 113500 t verbraucht. Als die Hauptursache für dieses Anwachsen von Bedarf und damit auch Produktion von Nickel ist die zunehmende Herstellung von rostfreien Stählen anzusehen, für die 1963 rd. 173500 t Nickel verwendet wurden, 14500 t mehr als 1962. Relativ hoch sind auch die statistischen Angaben der „International Nickel of Canada" über den Nickelverbrauch für galvanische Vernicklung (40000 t), für Nickellegierungen (34500 t), nickellegierte Baustähle (30500 t) und für Gußeisen und Stahlguß (28500 t). Die Autoindustrie verwendet zunehmend Nickel-Chrom-Überzüge. Die kapitalistischen Erzeuger von Nickel haben auf Grund dieses wachsenden Bedarfs ihre Produktionskapazität für 1964 auf insgesamt 290000 t erhöht, wovon Kanada als der größte Nickelproduzent allein 227000 t zu produzieren gedenkt. —Ha—

Sonstiges

Die Magnesitproduktion in Österreich

Österreich, das über reiche Magnesitvorkommen und eine hochentwickelte Verarbeitungsindustrie zur Herstellung von feuerfesten Steinen verfügt, versorgt fast die ganze Stahlindustrie Westeuropas und einen Teil der nordamerikanischen mit aus Sintermagnesit erarbeiteten Magnesitsteinen und produziert in großem Umfang aus kaustisch gebranntem Magnesit Leichtbauplatten für die Bauindustrie. Infolge des Rückgangs in der Produktion von Siemens-Martin-Stahl zugunsten von LD-Stahl und anderen Verfahren ging die Sintermagnesitindustrie in Österreich in den letzten Jahren zurück. Die Entwicklung von 1950 bis 1963 zeigen folgende Produktionsziffern (in 1000 t):

	Rohmagnesit	Sintermagnesit	Magnesitsteine	kaust. gebr. Magnesit
1950	550,8	182,5	111,8	74,6
1957	1172,5	425,0	239,9	99,9
1959	1201,2	283,7	186,2	103,3
1961	1798,7	542,3	294,7	129,7
1962	1607,4	484,2	274,6	132,5
1963	1207,0	376,9	209,8	134,5

—Ha—

Die Produktion von Kadmium

Kadmium ist als Korrosionsschutz ein begehrtes Metall, das aber relativ selten ist. Die Produktion konnte daher auch in den letzten Jahren in keinem Lande wesentlich gesteigert werden. Die Weltproduktion insgesamt war 1962 mit 11890 t nur um 23 t höher als 1961. 1960 betrug sie 11230 t. Unter den sozialistischen Ländern erzeugt seit 1961 die UdSSR jährlich 2000 t, die VR Polen 300 t. Von den kapitalistischen Ländern produzieren die USA jährlich etwa 4830 t, Kanada 1104 t, Belgien 850 t, Westdeutschland 354 t, Frankreich und Italien um 250 t. In Afrika ist die mit 307 t (1962) der Hauptproduzent. Auch Australien liefert bis 300 t. —Ha—

Düngemittel aus sizilianischen Sulfaten

Eine Untersuchung der sizilianischen Schwefelvorkommen ergab, daß die etwa 650000 t jährlicher Produktion von sizilianischen Sulfaten für die Gewinnung von Elementarschwefel ungeeignet sind, daß jedoch Schwefelsäure und Düngemittel daraus gewonnen werden können, zumal die für die Erzeugung von Volldünger erforderliche Ergänzung durch Kali aus den neuen sizilianischen Kaligruben von Gela geliefert werden kann. Die Kalisalze von Gela (Kainit, Carnallit und Sylvinit) wurden bei der Erdölsuche gefunden, die ebenfalls erfolgreich war, wodurch für das neue Düngemittelwerk auch die nötige Energie zur Verfügung steht. Für die Landwirtschaft von Süditalien und Sizilien ist diese Entwicklung von großer Bedeutung. —Ha—

Produktionssteigerung im rumänischen Bergbau

Rumänien verzeichnete 1962 folgende Produktionssteigerungen im Bergbau und in der Energiewirtschaft [„Bergbauwissenschaften", 23/24 (1963)]:

	1962	Zuwachsrate 1962 gegen 1961 (%)
Kohle (Mill. t)	9,598	+ 10
Erdöl (Mill. t)	11,864	+ 2
Erdölerzeugnisse (Weißdestillate, Mill. t)	6,545	− 0,2
Mineral. Öle (1000 t)	364	− 4
Erdgas (Mill. m³)	8,837	+ 23
Elektroenergie (Mrd. kWh)	10,068	+ 16

—s—

Silber-Gold-Bergbau in Mexiko

Die in der Sierra Madre (Westmexiko) gelegenen Gruben Arana und San Luis bauen auf Silber-Gold-Quarzgängen. Das 100 km vom Pazifik entfernte Gebiet ist nur in der Trockenzeit durch eine Straße zu erreichen. In stark gestörten Rhyolithen und Andesiten treten insgesamt 52 Gänge auf. Sie streichen ENE und fallen steil in nördlicher Richtung ein. Die einer hydrothermalen Entstehung zugeordnete Gangfüllung besteht neben Quarz aus Calcit, etwas Kupferkies und Bleiglanz („Erzbergbau und Metallhüttenwesen", 12/63). Es wird Silberglanz mit fein verteiltem Gold (Ag:Au = 60:1) gewonnen. —s—

Vorrichtung zur Entnahme von Flüssigkeitsproben aus Schichten

Dem praktischen Geologen ist bekannt, daß erdöl- oder gasführende Schichten vielfach sehr wenig verfestigt sind, so daß die betreffende Schichtflüssigkeit Sand mit sich führen kann.

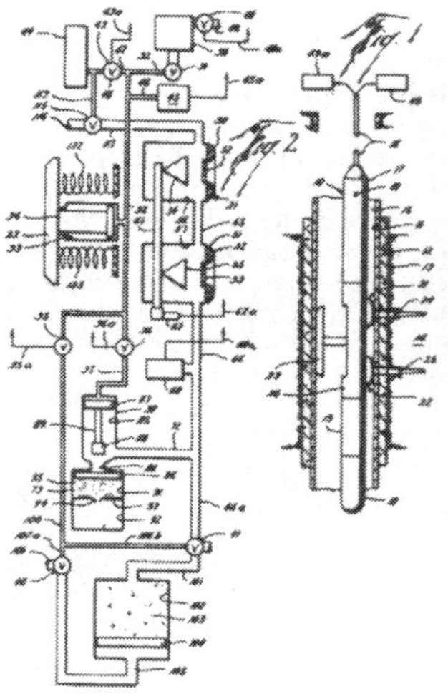

Aus diesem Grunde erfolgt die Entnahme von Flüssigkeitsproben in der Weise, daß neben der Probenaufnahmekammer eine zweite Kammer in dem Träger angeordnet ist, die ein fließfähiges Material enthält, das durch die Perforation in den abgedichteten Teil der Wand der Verrohrung gedrückt wird. Die Vorrichtung ermöglicht demnach, durch einmaliges Absenken des Geräts nicht nur eine Probe zu erhalten, sondern auch das zur Probeentnahme erzeugte Loch wieder abzudichten bzw. die betreffende Schicht geeignet zu behandeln.

Der Träger wird in das Bohrloch bis auf die Höhe des ausgewählten Horizonts hinabgesenkt. An dem Träger ist eine Einrichtung befestigt, durch die mittels hydraulischer Kolben im Träger eine Dichtung an die Bohrlochwandung zur Anlage kommt. Auf diese Weise wird ein Teil der Bohrlochwandung gegenüber dem übrigen Bohrloch abgedichtet. Zu dem Träger gehören ferner eine Perforationsvorrichtung zum Durchlöchern der Wandung, eine Probenaufnahmekammer, ein hydraulisches System, das mit dem hydraulischen Kolben in Verbindung steht, und eine Mehrzahl von Ventilen, die in den Flüssigkeitsleitungen des hydraulischen Systems und der Probenaufnahmekammer angeordnet sind, wobei die Ventile von über Tage betätigt werden können. Neben der Probenaufnahmekammer ist eine zweite Kammer an dem Träger 10 angeordnet, die ein fließfähiges Material enthält, das in die Perforation 24 und 25 in den abgedichteten Teil der Wand der Verrohrung gedrückt wird.

H. Friedemann

DBP.-Anm.: 1159369.

Kurznachrichten

Die **Erdölförderung** in **Österreich**, die 1962 2393700 t betrug, steigerte sich 1963 mit 2619860 t um 9,5%. Die Erdgasproduktion nahm von 1,635 Mrd.m³ auf 1,699 Mrd.m³ um 4% zu.

Auf dem rechten Ufer des **Ob** wurde 40 km von Alexandrowskoje in 2150 m Teufe **Erdöl** erbohrt. Der tägliche Zufluß von 300—400 t deutet auf eine größere Lagerstätte. Auch die fündig gewordene Bohrung 503 in Inguschetien liefert täglich 300 t Erdöl.

Kuweit hat 1963 über 104 Mill. t **Erdöl** produziert, eine Jahresmenge, die von keinem anderen Land des Nahen Ostens erreicht wurde.

Die **VAR Ägypten** sieht für ihren zweiten Fünfjahrplan (1965—1970) unter Einsatz von 122 Mill. E £ Investitionen eine Steigerung der **Erdölproduktion** vor, die Exporte ermöglichen wird.

Der **Erdöl- und Erdgasbedarf Kanadas** wird nach Angaben der „Canadian Petroleum Assoc." bis 1970 auf 390 Mill. barrels Erdöl und 1460 Mill. cb.ft. Erdgas ansteigen. Für Erdölbohrungen und Neuerschließungen sollen in den nächsten 7 Jahren 4,5 Mrd. kan. $ eingesetzt werden.

Die **Kohlenförderung** in **Belgien** stieg 1963 bei den „Charbonnages André Dumont" auf 1327000 t gegenüber 1226700 t im Vorjahr, bei den „Charbonnage du Couffre" auf 383000 t gegenüber 328000 t 1962 und bei den „Charbonnages Monceau-Fontaine" auf 1356800 t nach 1329600 t im Vorjahr.

Die **Eisenerzförderung Mauretaniens**, die von der „Société des Mines de Fer de Mauritanie" betrieben wird, betrug 1963 1,3 Mill. t, wovon 33% an Frankreich, 23% an Italien, 21% an Westdeutschland und 17% an Großbritannien geliefert wurden.

In der **Zinnproduktion kapitalistischer Erzeugerländer** ist für die nächsten Jahre ein Rückgang infolge des von der USA-Regierung geplanten Verkaufs ihrer Zinnvorräte von 100000 t zu erwarten, wenn dieser auch angeblich über 8 bis 10 Jahre verteilt werden soll.

Die **Goldproduktion** der **kapitalistischen Länder** betrug nach Angaben der „National City Bank of New York" 1963 rund 39 Mill. Feinunzen im Wert von 1,4 Mrd. $ und war um 5% höher als 1962 und um 60% höher als 1953.

In **Brasilien** ist die Produktion von **Superphosphat** aus den Phosphoriten der Vorkommen von Jacupiranga (São Paulo) auf 80000 t jährlich angestiegen. Bis 1966 soll sie nach Errichtung weiterer Betriebe wiederum verdreifacht werden, um den inländischen Bedarf zu decken.

Im **Atomenergiezentrum** Inchass nordöstlich von **Kairo** wurde in einem neuen Werk mit der Erzeugung von Kernbrennstoff aus uran- und thoriumhaltigen Sanden im nördlichen Teil des Nildeltas begonnen.

In den nächsten Heften

der

Zeitschrift für angewandte Geologie

erscheinen u. a. folgende Beiträge

W. HESSMANN: Ökonomische Fragen der Planung und Durchführung geologischer Untersuchungsarbeiten auf Erdöl und Erdgas

S. PRATSCHKO: Lagerstättenparameter durch Druckanstiegs- und Spiegelanstiegsmessungen in Gas- bzw. Wassersonden

W. GOTTE: Zur Methode des Wägens bei der Berechnung des Durchschnittsgehaltes

H. REH: Geologie und Lagerstättenverhältnisse Kambodschas

G. SEIDEL: Geologischer Aufbau, chemische Zusammen setzung und Eignung der Kalziumsulfathorizonte von Thüringen

O. W. KURENKOW: Über die Schwankungen des Flüssigkeitsspiegels in den Bohrungen

H. THIERGÄRTNER: Zur Beurteilung der Probenahmeabstände und des Schemas der Mittelwertbildung

G. SCHULZE: Erste Ergebnisse geologischer Untersuchungsarbeiten im Gebiet der Scholle von Calvörde, Teil 2

B. ŘEZÁČ: Jodobrom-Tiefenwässer des Ostrava—Karvináer Reviers und die Perspektiven ihrer ökonomischen Verwertung

Herausgeber: Staatliche Geologische Kommission und Zentrale Vorratskommission für mineralische Rohstoffe der Deutschen Demokratischen Republik. Für die kollektive Chefredaktion: Dr. K. KAUTER (Redaktionssekretär), Berlin. Redaktion: Berlin N 4, Invalidenstraße 44. Verlag: Akademie-Verlag GmbH, Berlin W 8, Leipziger Straße 3—4 (Fernsprecher 220441, Telex 011773, Postscheckkonto: Berlin 35021). Bestellnummer des Heftes 1047/10/7. Alleinige Anzeigenannahme DEWAG-WERBUNG, Berlin C 2, Rosenthaler Str. 28/31, und alle DEWAG-Betriebe in den Bezirksstädten der DDR. Die „Zeitschrift für angewandte Geologie" erscheint monatlich. Bezugspreis 2,— DM je Heft. — Satz und Druck: VEB Druckhaus „Maxim Gorki", Altenburg. Veröffentlicht unter der Lizenznummer 1279 des Presseamtes beim Vorsitzenden des Ministerrates der Deutschen Demokratischen Republik. Kartengenehmigung: Nr. 366/64, 575/64, 609/64, 638/64

FSC
www.fsc.org
MIX
Papier | Fördert gute Waldnutzung
FSC® C083411

Kolibri 360 GmbH
Ferdinand-Jühlke-Straße 7
99095 Erfurt, Deutschland
produktsicherheit@kolibri360.de